Being Ethical

简单的
人生逻辑课

[美] D.Q.麦克伦尼 著

靳婷婷 译

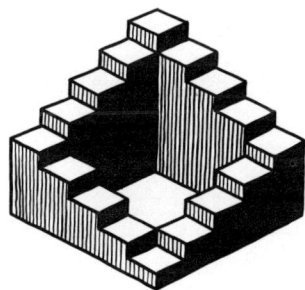

浙江人民出版社

只 为 优 质 阅 读

好
读

Goodreads

序 言

　　我们在人生中所做的所有重要判断，都涉及善与恶的区分。这些判断塑造了我们一生中道德的轮廓，也揭示了我们想要成为什么样的人。这本书的主题是伦理学，这是一门关于好坏、善恶的学科，具体来说，是关于道德中的善与恶。我们会用好坏、善恶形容各种事物，这些事物中有些并不关乎道德，有些只与道德沾一点边。当某件事与包括思想、言语、行动在内的人的行为产生直接联系时，我们就会用道德上的善恶加以定义。在伦理学中，我们关注的主要是善，这是对现实的一种尊重，因为善要比恶更贴近本源。恶寄生于善之中；如果没有善，就不会有恶。

　　那么，到底什么是善？从基本的意义来说，也就是从伦理的发源来讲，善是所有能引起我们积极反应的东西。善是让我们感到高兴和点燃我们欲望的东西；善是我们想要接近的东西；在条件允许的情况下，善也是我们想要拥有的东西。从整体而言，最能表达善对我们影响的词就是"爱"。简而言之，善就是我们所爱的东西，我们渴望的东西，我们想要拥有的东西。

在描述与善恶有关的行为时，我们常用到对与错这样的术语。出于实现善的目的做出的行为是对的，而阻碍我们实现善的行为则是错的。主导伦理这门学科的基本原则相当简单和直观，我们在探索本书内容时便会发现这一点。除此之外，我们对其中的许多原则已经耳熟能详，这是因为，我们每个人天生就对基本的道德原则有一种发自本能的认知。

作为一门学科，伦理学已经存在了很长时间。就像其他几门学科一样，古希腊人对于伦理学的基本思想和理论的传承也功不可没。不难理解，伦理学涉及的思想背后有着悠久的历史。这是因为，我们人类自古以来就一直在关注有关善恶的问题，这涉及人的行为的对错、评价人的行为的准则，以及与道德领域相关的一切。

每个社会都有其亟待解决的道德问题，为了这些问题，人们冥思苦索、唇枪舌剑，而从这个方面来说，西方社会也不例外。在一系列意义深远的问题上，不同人之间的分歧比比皆是：人的生活何时开始？什么是人类个体①？堕胎是一种基本无害的"选择"，还是与谋杀一样严重？死刑是否有违道德？我们应该积极推广安乐死吗？医生应该为想要自杀的人提供协助吗？婚姻的本质是什么？在决定一个政治共同体的形态和方向时，是否应该优先考虑经济因素？言论自由应该有所限制吗？媒体对暴力铺天盖地的描述，是否会对国家的儿童和青少年产生有害影响？如果可以实现，克隆人是

---

① 哲学概念上的人，是指由有机体构成的人，但并不等同于构成其自身的有机体。——译者注，下文若无特别标注，均为译者注

否可欲^①和可取？非正义的战争是否存在？某个民族国家干涉另一个民族国家的内政，从多大程度而言是正确的？公众对赌博的支持，会导致公民集体腐败吗？

诸如此类的无数问题，都是伦理学需要处理的，这是因为从某种程度来说，这些问题都属于道德范畴，牵扯到人的行为的对与错。如上文中列出的难以解答的道德问题，只有通过理性处理才有解决的可能，而想让这些问题得到理性的处理，就必须设置具体的基本准则或标尺。这些准则或标尺是伦理学得以建立的基础，也是分析和探讨问题的依据。如果不精通这些伦理学赖以建立的基本准则，我们就缺乏必备的知识来解决眼下困扰着我们的各种紧迫的伦理问题。

有关于伦理学的优秀书籍不胜枚举，意在对当今的一个或多个重要伦理问题进行仔细而翔实的研究，具体方法通常是通过提出某个问题的几种对立观点。这就是伦理学案例的研究方法，其毫无疑问具有很高的价值。但是，大家手中的这本书却有所不同。这是一本关于基础知识的书。创作这本书的目的，在于尽可能清晰和中肯地阐述伦理学这门学科的基本原则，避免使用专业术语，以便让大家自信而高效地汲取相关知识。这些知识都是我们在解决常规或复杂的伦理问题时必须掌握的。

想要成功解决伦理问题，需要考虑一个重要因素。这个因素

---

① 哲学术语，指某种对象令人向往，值得追求。

虽然重要，却很少被人重视。这个因素当然与知识有关，因为，熟知伦理学基本原则是一个必要条件。但是，我们所需的不仅仅是知识。道德伦理不仅仅是一种精神状态，更是一种存在状态，一种反映道德基本原则的生活方式。合乎伦理的人不仅要以某种方式思考，而且要以某种方式生活，将思想与行为、理论与实践完美结合。归根结底，我认为，最善于有效处理各种伦理问题的人，正是那些合乎伦理的人。

目
录

第一章

伦理学关乎人的行为

    伦理学是一门关乎人的行为的学科，这种说法虽然很能说明问题，但也有其局限性。因为我们很快就能想到，其他几门学科也可以这样形容，比如历史学、社会学、心理学、人类学、经济学和政治学。那么，伦理学与这些学科有何不同？在不偏离其核心学科承诺的情况下，这些学科可以归结成对人性的纯粹叙述。在这一点上，和其他与人的行为有关的学科一样，叙述也是伦理学的重要部分。但是，这只是伦理学的起点。在此之后，伦理学又有了三个对其承担的学科责任而言所特有的步骤：（1）伦理学尝试解释人的行为，尤其是产生这种行为的原因；（2）伦理学对人的行为做出评价；（3）伦理学针对人的行为大胆制定规范。这三种功能对于其他人文学科来说不是必备的，对于伦理学来说却是必备的，且伦理学以其特有的方式践行着以上每一种功能。

    有的时候，其他研究人的行为的学科也会对人的行为做出评价，但评价的标准却严格限定于这些原则的专有标准。经济学家用经济学术语来评价某种行为：这种行为会导致财富的增加还是减少？心理学家的评价标准，则要看某种行为对良好的心理健康有利还是有害。经济学家和心理学家都可能用"好"或"坏"讨论人的行为，但这里的好坏，具体指的是经济或心理范畴的好坏。伦理学以外的学科也可以为人的行为提供解释，有时甚至也会为人的行为制定规范，但是这些解释和规范会受限于相关学科的关注点。经济学家可以告诉我们，想要获得维持体面生活所需的物质财富，可以采取哪些行为；而心理学家给出的指导，则旨在让遵循的人达到一种精神和情绪平衡的状态。

伦理学不同于其他研究人的行为的学科，因为这门学科对人性本身进行了全面的审视。在描述人的行为时，伦理学主要的关注点是划定出这种行为为何是人类特有的，是什么使此行为不仅是人类共有的，更是人类不可或缺的？伦理学对于包括政治、音乐或运动在内的具体行为并不感兴趣，而是关注人的行为的共同点，也就是关注在政治家、音乐家和运动员身上都可以找到的特质。

作为伦理学的学生，我们要寻找的是对人的行为最具普遍性的解释。如果说琼斯①之所以做某件事是为了大幅增加收入，这种结论当然有一定的意义，但是，我们的目的是超越这些具体的解释，探究每个人做每件事的原因。作为人类，到底是什么驱使我们做出性质各异的行为？

---

① 作者在书中列举了很多虚构人物，琼斯不指某个特定人物，下同。

伦理评价就是道德评价。从道德的角度来评价某种行为，就是简单地将其视为一种人类行为，即一个理性主体所做的行为，做出这个行为的人就是其行为有意识的发起者。在这里，道德上的善与恶指的是一个人的好与坏，也是人类最基本层面上的成与败。一种常见甚至普遍的情况是：某人非常擅长运动或音乐等某种具体领域，甚至堪称卓越，但从人性的角度来说，这个人就没有那么优秀了。史密斯是奥运会金牌得主，吹起口琴来也颇有大师风范，但你可能不愿意把这个人介绍给你的妹妹认识。

在制定规范时，伦理学是直言不讳、坚定执着且毫不掩饰的。在很大程度上，伦理学的目的就是告诉我们应该如何生活。但再次重申，伦理学重点关注的是我们该如何做人。伦理学对于指导我们成为优秀的音乐家、运动员或科学家没什么兴趣，其目的在于帮助我们成为善良的好人。就伦理学而言，这是成为好人最重要的途径。伦理学会启发我们思考：虽然某人是世界上最博学且能力最强的逻辑学家，但从伦理学上来看是一个彻头彻尾的自私小人，这样的人生真的能算理想吗？

综上所述，伦理学是一门描述、解释、评价、规范人的行为的学科。伦理学站在人类的角度关注人的行为，反映出作为理性生物的全体人类的共同性。

第二章

人类共同的行为

什么是人的行为？人的行为最突出、最关键的特征是什么？答案是：人类的一切行为都是由目的导向、由目标驱动的。

人类是极具目的性的生物。我们天生以目的为导向；我们的行为经过精确计算，推动我们到达某个特定的地方，完成某个确定的目的。事实上，我们眼中的行为是由行为的重点或目的来定义的。没有明显的目的，就没有明确的行为。绝大多数行为的目的都会出现在有关行为本身的描述中。比如，烤一个蛋糕，写一封信，买一本书：烤的目的是蛋糕，写的目的是信，买的目的是书。我们走路的目的是去药店，或是到波莉姨妈家。但大家可能会问，有的时候，我们会不会没有什么具体目的，只是单纯地走路呢？这种情况很难想象。我们或许不是为了到达一个特定的地点而走路，但这种活动的背后总会带有一定的目的：之所以走路，是为了锻炼身体；是为了在一顿感恩节大餐后消食；是为了缓解紧张的情绪；是为了到家门外透透气，暂时躲避岳父岳母或公公婆婆；是为了构思一则短篇故事的情节；或只是为了享受散步本身带来的简单乐趣。每个人的行为都带有目的性。

我们的确是有目的的生物，但这一事实并不表示我们在这一点上是独一无二的。实际上，我们生活的宇宙中，充斥着各种各样的目的。不管是简单的还是复杂的动物，都会带着目的行动。想想看，一只赤狐狡诈而谨慎地跟踪着一群毫无防备的小黄鸭，而小鸭子们则乖乖地跟在绿头鸭妈妈的身后。狐狸的目的非常明确：获得一顿鲜嫩多汁的鸭肉晚餐。植物的行为也有其目的，植物将根深入土壤以避免被风吹走并获得养分，同时巧妙地调整叶面，以便最大限度地暴露在阳光下。即便在无机生物中，有目的的行为同样比比皆是。化学元素之间的相互作用并非随意而为，因为如果真是这样，化学这门学科也就不会存在了。想想看，这一切是多么神奇：氢和氧竟然会以如此玄妙而规则的方式结合在一起，给我们带来"水"这种全新的产物。

虽说所有事物的行为都有目的，但这并不意味着所有的事物都能意识到其行为的目的。这仅仅意味着，这些事物的行为以终点为导向，会不可避免地以一种明确且可以预测的方式终结。正是这种可预测性，使得科学的实际应用成为可能。当化学家将氢和氧以正确的数量和比例结合起来，并在混合物中注入电流时，他不必猜测会得出怎样的结果。结果是注定的，因为，这就是自然之所以成为自然的决定论。

这场我们所有人都参与其中的宏伟戏剧的结局是什么？一言以

蔽之,这个结局便是秩序。在大部分时间里,所有事物的行为总是朝向某个目的,因此,我们生活在一个有序的宇宙中。对此,我们应该心怀感激。这种秩序带来了许多无价的益处,其中最重要的益处在于使生命成为可能。

如果说目的无处不在,那么,这会给人类带来什么特殊性呢?我们和狐狸、毛地黄①、氢和氧有什么不同呢?让我们从氢气和氧气开始说起。虽然这两种气体可以按一定规律结合并达到事先预测的效果,但我们可能不会说,在这个过程中,两种气体知道自己在做什么。也就是说,它们有目的的行为是完全无意识的。植物的活动也是如此。然而,一旦进入动物王国,情况就大不相同了。在狐狸跟踪那群倒霉的小鸭子时,它的大脑活动一定很有意思。狐狸一定是有意识的。但是,狐狸所从事的活动是否与人类思维有某种相似之处呢?想要弄清楚这一点,唯一的办法就是去问狐狸,但是话说回来,起码到目前为止,狐狸是不会说话的。

我们无法接触动物特有的意识,因此,我们无法确定动物的意识与其有目的的活动有何关联。但是,我们似乎可以合理地推断出,虽然动物会为了达到某个具体目的而有意识地行动,但能否认识到自己有目的,却不得而知。换句话说,动物并不能有意识地把目的作为行为的目标,即先仔细思考,然后选择最有效的行为执行。简单来说,动物会在本能的引导下有目的地行动,这种本能的

---

① 一种植物,原产于欧洲,因为有着布满茸毛的茎叶及酷似地黄的叶片而得名"毛地黄"。

力量非常强大。

掌握了无可辩驳的直接证据，我们完全可以自信地说，人的行为与其他行为的显著区别在于，我们不仅能有意识地为达到具体目的而行动，而且能具体意识到我们为达到目的而行动一事。我们知道行为背后的"原因"。我们是有目的的生物，且能意识到自己是有目的的生物，其证据就在于我们能够选择自己的目的。在选择具体的好与善时，我们不会只坚持其中之一而排斥其他选项。从最笼统的角度来说，我们总会选择对自己有益的选项，但此时此地，在这种情况下，这种益处会以什么样的具体形式呈现，就要取决于我们自己了。布莱恩和布鲁斯都向芭芭拉求婚，以一系列真实可靠的标准来看，毫无疑问，他们俩都是好人，是名副其实的白马王子候选人。那么，芭芭拉会对谁说"我愿意"呢？这个问题的答案不是由宇宙、芭芭拉的社会环境或她的DNA决定的。选择权在芭芭拉，在于她这个独一无二的个体。

综上所述，人的行为的独特之处在于，我们不仅会有意识地为了某个目的而行动，而且也知道自己正在这样做。这样的行事方式，就是理性的行事方式。理性行动的神奇和有益之处在于，我们可以看到活动的方向，也就是活动所指向的目的。另外，对于非理性活动最准确的描述，就是无法推测其目的的活动。在我们看来，这些活动是随机且没有方向的，属于没有意义的行为。

接下来我们来看一看，所谓合乎伦理的人类行为中，包含着哪些因素。

第三章

什么是合乎伦理的行为？

有的时候，我们会用"道德"这个词形容某些人，这通常是一种明确表达赞美的方式。如果我们对某人的总体印象是负面的，我们便会说这个人"不道德"。那么，我们用"道德"一词来形容他人，是想要传达什么意思呢？

我们已经知道，人的行为的精髓，在于有意识且有意指向特定目的的实现。人的行为是有目的的行为，这也等于在说，人的行为就是理性行为。有目的的行为可以是成功的，也可以是不成功的，成功与否，取决于行为是否实现了所指向的目的。当某种行为的目的达成时，实施该行为的行为者就有可能因此得到好处。这意味着，如果这种目的得当，其实现会以某种方式改善行为者的处境。一个熟透的红苹果在艾利森头上诱人地晃来晃去，她小心翼翼地把苹果从树枝上摘下来，咬了下去，没几口就把苹果吃得只剩下苹果核。这是一个非常美味的苹果，从某个层面来说，由于吃了这个苹果，她的生活比之前更美好了。

从树上摘苹果这种行动非常简单，我们一次就能做对。而另一些行动则需要大量的练习。比如，一位有着多年经验的职业橄榄球运动员，很少会犯踢不进球的错误。这位球员几乎总能实现目的，拿出高度专业的表现，获得丰厚的报酬，他之所以能够吸引狂热球迷，主要原因也就在于此。

我们已经认识到，有些运动员、音乐家或艺术家虽然可以驾轻就熟地完成某项专业活动，但他们作为一个人却远远没那么杰出。这是一个大问题。一个人如果在人类基本层面上有所缺乏，存在做人的缺陷，那么即便在与道德不存在明确关系的活动中拿出最杰出的表现，也不足以弥补、中和或抵消前者。生而为人的失败，是最有分量的失败，是再多的成就也无法弥补的。

一个合乎伦理的人是一个能够分清轻重缓急的人，从批判的角度来说，这个人明白，道德是完善自己最重要的方式。道德是完善人类个体的最重要的方式，出于各种原因，不合乎伦理的人是没有这种认识的，或者说，这种人可能有这种认识，但缺乏采取行为的意志力。

合乎伦理的人的行为才是真正的人的行为，这种行为以有利于其人性为特征，反映了他们作为理性行为者的本质。这些行为者的行为，是为了作为人来完善自身。一个合乎伦理的人，是一个能够成功达成正当目的的人，我们也可以直白地将这种目的称为"人性化目的"。

这些目的的具体细节，还需进一步深入挖掘。但是我们首先需要处理一些基础工作：更加仔细地审视目的这一概念。这无疑是伦理学中最关键的概念之一。

第四章

目的的概念

从概念角度来说，目的似乎没有非常难以理解的地方。所谓目的，就是行为的"原因"，正如我们所见，目的可以界定行为本身。每一种真实的行为，都是有目的的；没错，行为之所以成为行为，就是因为目的。亚里士多德①经常提醒我们，每个人的行为都出于某种目的，这就是行为者的意义所在。作为行为者，我们做任何事都是为了达到某种特定的目的，而但凡带有任何善意的目的，都会以或明显或微妙的某种方式使我们变得完善。作为道德行为者行动时，我们做的任何事，都是为了在道德上实现自我完善，也就是说，实现作为人的自我完善。没错，我们天生就是道德的行为者，但这并不意味着我们天生就是最有效的道德行为者。在道德目的的实现上，我们难免会搞砸。

这些行为所指向的目的为我们提供了驱动力，刺激我们采取

---

① 亚里士多德（公元前384—公元前322），柏拉图的学生，古希腊伟大的哲学家、科学家、教育家。

行为。整个过程始于大脑，以想法的形式出现，也就是以一种关于我们想要达到的目的或意图的概念呈现。因此我们说，目的始于概念，终于执行。专业球员若想射门得分，必须先在头脑中有这样的想法。也就是说，这个人要先形成射门得分的意图。思想先于行为，而思想的质量和清晰度，将直接影响思想所要驱动的行为的有效程度。

但是，我们心中的目的，为何能够促使我们采取必要的行为呢？这些目的对于我们的吸引力在哪里？想要解答这个问题，我们就要回归善的基本本质。之所以想要达成我们所寻求的目的，是因为我们认为这些目的无一例外是好与善的。而根据定义，好与善的东西就是我们想要拥有的东西。艾利森之所以把苹果从树上摘下来，是因为她觉得苹果是好的，因此想要得到它。我们在这里探讨的好与善，并不是一个抽象的概念。这是一个具体的现实，体现在某个特定的对象中，比如艾利森的苹果。说来也巧，在视艾利森为明珠的亚瑟眼中，她与那苹果一样，也具备好与善的特质。

因此，我们之所以追求某个目的，是因为我们把这个目的视为好与善的。但是话说回来，我们为什么认为某种目的是好与善的呢？对我们而言，目的的善是由什么造成的呢？在我们眼中，这种目的对我们具有完善作用，可以通过某种方式改善我们的状况，提高我们的整体状态。诚然，从本质上来说，实现特定目的为行为者所带来的"完善"可能是微不足道的，就像艾利森在吃完苹果后感受到的肉体满足一样。

在采取具体行为之前，我们会在大脑中进行一种非常重要的结合，我们必须特别注意这种结合。这，就是对于目的和善的理念的结合。从实际角度而言，这两种思想汇成了同一种思想。即我们所追求的目的，与我们所追求的善画上了等号。对于善的理念以及对于善的渴望，为我们所有的行为提供了基本的合理性。我们可以信誓旦旦地宣称，我们的所有行为背后都有着善的理由——至少在我们眼中是善的理由。我们的生活，是由善主宰的。

目的必然包含方法。间接来说，为某个具体的目的全力以赴，就是投身于实现这一目的所需的方法过程之中。如果我们不愿意为达到某一目的而不惜一切代价，那就没有对这一目的投入百分之百的精力，就不能说我们对目的之善的坚持是发自内心的。达成不同目的的难易程度当然有很大差别，这完全取决于具体目的的性质。比如，从树上摘一个苹果，要比挑选人生另一半简单得多。

之所以追求目的，是因为我们觉得这些目的是善的；之所以这样认为，是因为我们觉得这些目的从某种程度来说对我们有益。这并不是说，所谓合乎伦理的目的，只不过是为了安抚我们的小我，仿佛伦理的本质只不过是为了让我们得到主观上的满足。诚然，我们总会以主体的身份行事，但这并不意味着我们应该消极地凭借"主观"行事，即以狭隘的自私作为出发点。在理想情况下，作为主体的我们，应根据客观秩序做出判断。

第五章

标准

　　书的内容进行到这里，我们需要稍微停下来，针对"评价"进行一些系统性的思考。这是因为，评价在伦理学中扮演着重要的角色。作为道德行为者，无论愿意与否，我们都是道德行为的评价者和裁判。我们必须不断对自己行为的道德价值做出判断，评价我们行为的质量。

　　无论评价的对象是什么，我们都会根据一定的标准来估计其价值。进一步对评价过程加以分析，我们会发现，其中有三个特征鲜明的要素：进行评价的人、被评价的对象和评价的标准。如果想让评价有价值，进行评价的人必须具备从事这项工作的资格，也就是说，进行评价的人必须熟悉被评价的对象和用来评价对象的标准。评价的结果，应该使用定量或定性术语来表示。定量评价的例子包括："10分""86.7%""在班级中排名靠前"；定性评价的例子包括："优秀""相当不错""表现一般"。

　　在伦理学中做出的评价总是定性的。这是不是一种劣势呢？乍看之下，定量评价似乎比定性评价更准确，但这种看法可能具有欺骗性。在奥运会中，当一位裁判给运动员的某次表现打出"10分"时，我们能说这比用"无可挑剔"或"完美无缺"来评价更加精确、更能说明问题吗？如果另一位评委给同样的表现打了9.2分，这位评委的评判是否要比打10分的评委更准确呢？

不按公认标准进行的评价，只不过是评价者个人意见的表达，因此只具有一些说明性的价值。每个人用来评价的标准，可能会存在巨大的不同。诸如棒球规则等标准可能会非常详细，通过清晰明确的术语表达。根据这些规则，裁判便可以判断一个球是好球还是坏球，或者一个滑进二垒的跑垒员是安全还是出局。根据棒球比赛规则，有些事情是允许的，有些事情则是禁止的。作为比赛所依据的标准，这些规则不仅赋予比赛结构和连贯性，更是使之成为一种具有组织结构的特殊体育活动，我们称之为"比赛"。如果没有规则来规定玩家的行为，比赛就无从谈起，只剩下毫无节奏或目的的随意移动。若是这样，不幸的观众便会一头雾水，无奈之下只能大嚼花生、爆米花或狂灌啤酒，以求缓解这种疑惑不解的懊恼。从某种意义来说，生活本身和棒球比赛并没有根本的不同，我们每个人都必须遵循某种标准以规范我们的行为，否则人际关系就会陷入混乱无序。虽然现在的生活并非时时尽善尽美，但混乱无序的生活只能用"乌烟瘴气"来形容了。

我们很难发现，自己总是能明确意识到构成道德生活的各种标准，也就是我们行为的实践指南。同样，职业棒球运动员并不会总对棒球规则拥有明确的意识，但是通过平时的潜移默化，他对这些规则一定是深谙于心的。他对规则的了解体现在他的实际行为上，也就是在场上的表现。在道德的基本准则上，我们也同样如此，这些规则深深根植于作为道德行为者的我们的共同意识之中。只要在我们面前明确表达出这些规则中的任何一条，我们就会立刻认识到，这是我们早已熟知的东西。当听到"我们不应该故意伤害任何人"，我们会回答："是的，没错。"当听到"己所不欲，勿施于人"，我们会说："说得好！我也这么认为。"当听到"要永远说真话"，我们会表示："的确，人人都应该遵守这句高尚的箴言，尤其是弗兰克叔叔。"

作为对"合乎伦理"含义的一种不完全充分的权宜描述，我们可以说，遵循这种生活方式的人的行为，在大多数时候都要受到通用伦理标准的支配和指导。从某种程度而言，表面看来，这当然是合乎伦理的一个重要方面，但是，这种描述并不完全充分，因为合乎伦理绝不仅仅是遵守规则那么简单，最重要的是我们如何遵守规则。看不到规则固有价值的人机械地遵循某个伦理准则，将其理解为理性的命令，这不是一个负责任的道德行为者的做法，而是一个不动脑思考的死板之人的做法。像告诫人们要永远诚实的原则一样，如果某种伦理标准真的明智合理，那么允许这一原则对人的行为产生一定的影响，便非常符合理性。这是因为，按照这样的原则生活是符合人性的，可以充分发挥出一个人作为理性生物的潜力。

明智合理的伦理标准拥有固有的正确性，因此才得以直接诉诸人类的理性。这不仅不是一个武断的命令，一条因为"事情本该如此"就必须遵守的规则，更不是如果不遵守就会受到惩罚的戒律。如果把"互帮互助"理解为一种提倡以牙还牙的道德准则——你帮我的忙，我就帮你的忙；你不招惹我，我也不招惹你——那无异于是一种粗暴的解读。按照这种解读，所有符合"道德"的行为都不过是一种经过伪饰但实则以自我为中心的利己主义，每个人的关注点，都变成了把个人利益放在第一位。

　　黄金法则的美好和讽刺之处在于，它要求涉及的各方——我们所有人——认识到，每个人都拥有不可估量的价值。然后，这条法则又规定出具体的行为，从逻辑上来说，这些行为不可避免地与这条法则并行不悖。两个人之间你来我往的善举，应该建立在每个人都能意识到对方固有价值的基础上。总休来说，我对他人的善举，并不是因为我期望得到同样的回报，而是因为我认识到了他人的人性，作为一个人，他值得我付出这样的行为。鉴于这一理念的普遍性，我可以合理地预期得到善意的回报，这是因为对方也把我看作一个人，并据此做出相应的回应。

第六章

形形色色的目的

我们做任何事，都是出于某种目的，这是一种非常合乎理性的行为方式。目的为我们的行为赋予意义，也为我们的生命赋予意义。每一天，我们都在追求各种具体的目的，这是因为，对于所有不想终日百无聊赖地泡在电视机前的人来说，我们的生活每天都充斥着各种具体的行为，而其中大多数都不会带来重大的成效。但凡有行为，就会有目的。我们一生所追求的目的数不胜数，这些目的及其附带的行为，成为构筑我们生命的原料。至少从这个角度来看，我们可以说，生命就是从出生到死亡的行为的总和。

我们追求的目的形形色色，可谓五花八门。但很明显，就其固有价值而言，我们并不认为所有的目的都是平等的；我们对其中的一些较为重视，甚至认为它比其他目的重要得多。我们认为，所有目的都是美好的，如果不是这样，我们也不会致力去追求。因此，我们对于具体参与的行为的选择，取决于我们对于这些行为所能实现的益处的排序。在A和B这两种好处之间，如果我认为A高于B，便倾向于采取获得A的行为，而不是拥有B的行为。打个盹儿很舒服，吃炸鱼薯条、赏鸟、读小说、和朋友聊天、游览巴黎、结婚、看网球比赛、打高尔夫球、整理庭院、听莫扎特钢琴协奏曲也很舒服。我们之中很难有两个人会对这些行为给出相同的排名，这是因为，我们每个人会对每个行为赋予不同的价值。

请想象自己正站在一个视野独好的海角，可以俯瞰我们一生中追求的所有目的，那么我们的眼前就会出现一个错综复杂的巨大结构体，由无数相互关联的行为组成。透过望远镜，让我们聚焦于A和B两个具体的行为（及其相应目的）。我们注意到，两种行为之间的关系是B依赖于A，因为如果不先执行A，B就无法执行。比如，如果赫伯不先买机票，他就不能飞往巴黎。我们的大多数行为之间，都存在着这种关联。我们的心中有一个想要达成的目的，但想要达成这个目的，需要以先达成其他目的为条件。例如，我想要达成D，但首先要达成A、B和C。尽管我们在目的的选择上有很大的自由，但在目的之间的关系上存在一个预先建立的秩序，我们别无选择，只能服从。也就是说，我们不能武断地跳过作为先决条件的目的，去实现最终的目的，因为它是依赖于先决条件存在的。

如果苏珊想要实现诸如获得医学博士学位这样重大的目的，就必须按照相应的步骤完成一大堆作为先决条件的目的。亚里士多德将人生的重大成就称为终极目的，想要达成这些目的是没有捷径的。从学术角度来看，我们知道，苏珊在获得医学博士学位之前，必须先获得硕士学位和学士学位，而且最好是在科学领域。如果没有高中文凭，她根本无从起步，而想要获得高中文凭，她就必须预先采取许多必要的步骤。我认为，为了拼凑出一个完整的画面，我们必须从苏珊的学前班开始。通过追踪她的整个学术生涯，我们会发现，在学术生涯之中，她必须达成一系列特定目的，例如在大三时通过一门有机化学课程的考试。这样一来，她才能够达到终极目的，也就是取得医学博士学位，成为一名医学博士。

鉴于目的之间的彼此关联，随着时间的推移，目的也会不断蜕变为方法。在生命的大部分时间里，获得生物学学士学位是苏珊必须为之奉献全部精力的主要目的。由于这一目的附带的各种特殊要求，实现这一目的将通过各种途径对她的大多数行为产生影响并指明方向。如果她成功地获得了学位，那么这就成了获得医学博士学位的一种方法，以此类推。在此重提一下前文中一个显而易见的观点：目的与达成目的的方法是分不开的。因此，在进入大学后，如果苏珊因为热衷玩乐而忽视了学习，人们就会对她立志成为医生的热情起疑。想要达成目的，就必须采取可以达成目的的方法。

另一个显而易见的观点是：对于立志实现某种目的的人而言，这种目的必须是符合现实、可以达成的。对于《小火车头做到了》①中彰显出的进取心和毅力，我们都会报以赞赏和钦佩，也认为这种心态值得效仿。然而，想要达到某种目的，除了意愿外，我们还需具备相应的能力。将目的视为善是一个必要的条件，再次重申，只

---

① 美国民间故事，1930年同名童书出版后，这个故事在美国广为人知。内容主要是教育孩子乐观和努力工作的价值。

有将某件事视为善，我们才有动力前进。但是，愿望与实现愿望的能力也必须相匹配。"可欲"一词有两层附带的含义：（1）获得后能给欲求之人带来实际益处；（2）欲求之人有能力获得。这两层含义都在提醒我们，在采取行为之前务必三思。

在某些情况下，具体的目的和实现目的所需的方法几乎是一一对应的。如果唐尼想要减肥，需要做的第一件事就是减少卡路里的摄入。唐尼可能有自己的饮食选择，但如果他希望有一天能够凝视着浴室秤上越来越低的数字面露微笑，节食便是他必须采取的主要方法。他必须留心摄取食物的数量和热量。对于节食减肥，我们没有必要花很多时间为方法而冥思苦想。这是因为，这些方法已经清晰地摆在我们眼前，至少大体上是这样。

如果条条大路通罗马，那么达到目的就有许多途径。在生活中，我们立下的重大目的往往附带着一系列可选的方法。面对这些方法，我们必须停下来认真思考。这是因为，虽然两条道路都可以准确无误地把我们指引到罗马，但我们在仔细审视后可能会发现，其中一条要比另一条好得多，不仅能让我们更快且更安全地到达目的地，还能帮助我们减少各种各样的麻烦。在追寻一个既有价值又可以实现的目的时，如果采取的方法效率低下且不匹配，我们便可能浪费大量宝贵的时间和精力。如果选择的方法太不明智，我们也可能永远无法达成预期的目的，但如果选择更合理的方法，这个目的是完全可以实现的。

罗马这一目的地有一种通融的持久性。如果我们今年去不了，明年或后年去也同样可行。但是，某些目的有一个既定的时间范围，必须在固定时间内完成，否则就无法实现。这些时间范围给我们的机会非常有限，我们必须仔细计划，迅速采取行动。如果我想在华盛顿特区赏樱花，我的日程安排就必须与樱花树开花的时间一致，而不能把观光旅行推迟到仲夏。

接下来，我们需要采取最有利于实现目的的方法，这一点显而易见。这些方法可以用"高效"来形容，能够帮助我们完成任务，达到我们的目的。但是，我们是否该在最好的和最简单的方法之间画等号呢？对于这个问题，我要提出一个非正统的观点：最简单的方法并非在所有情况下都是最好的。有的时候，用费力的方法做事是有好处的，这是因为费力的方法有其教育价值。沿着这条迂回曲折的道路走下去，我们可以学到一些通过其他方法无法学到的东西，从而为我们带来好处。但要提醒各位，只有在目的能够达成的条件下，这一切才有意义。

第七章

欲望

　　毫无疑问，狗是有欲望的，我们可以合理地推测，猫、老鼠和冠蓝鸦也有欲望。但是，人类的欲望是持久长存、深不可测、无处不在且无穷无尽的，同时也是独一无二的。欲望无时无刻不萦绕心头，有时甚至"不达目的不罢休"，扰得我们心烦意乱。当欲望成为一种负担时，我们可能会自欺欺人地劝自己，我们并不需要欲望，同时想让欲望远离我们。然而，这只是痴心妄想。没有欲望的生活之乏味，超乎我们的想象。事实上，那根本就称不上生活，因为生活是由行为组成的，而没有欲望就没有行为。欲望是点燃行为的火焰。少了欲望，我们就会像石头一样静止不动，也会像石头一样呆板无趣（当然，这句话会引来地质学家的异议）。

　　我们关注并有意追求的首要目的，是我们自己的利益。原因在于，我们已经说服自己相信，一旦实现了这些目的或拥有了这些好处，我们就会通过一定的方式获益，虽然这可能只是一种非常模糊、原始的概念。在这个阶段，我们对于这种感知到的益处所产生的反应，主要是一种情感的体验。而在此处发挥主要作用的情感，就是爱。这种情感的对象，就是那些我们视为好与善的东西。

没有欲望就没有爱，这是一笔一揽子交易。发自内心地真正爱一个对象，意味着你渴望与这个对象建立某种联系，因此，你会不可避免地朝这个对象靠近。同样，驱使你靠近的，正是欲望这种情感。出于这个原因，欲望才会让我们如此忐忑不安。欲望不断催促我们去追求所爱的对象，那个对象让我们的双眼充满爱慕，在我们的脑中激起结婚的念头。

被渴望的对象就是被爱的对象，也就是我们视为好与善的东西，因此，这些对象与我们追求的目的或事物一样五花八门。而构建我们生活结构的因素，也正是这些追求。发自内心的欲望意义重大，因此不容忽视，这是因为，欲望是最强烈的激励情绪。（顺便说一句，所有的情绪都有或大或小的激励作用。"情感"的英文"emotion"源于拉丁语的"movere"，意为"移动"。）欲望会驱使我们走向所爱的对象。如果那个对象的反应只是一句漠然的"嗯，挺好"或是"嗯，有意思"，而没有做出任何举动，那么我们便可以肯定，这里面没有任何真实的欲望，且假定的爱也并不真实。我们只会对真正热爱的人、事、物采取行为。因此，正如真诚的意愿与单纯的愿望不同，真正的爱与单纯的喜欢也是有区别的。每一句"我爱……"的背后，都隐藏着一句"我想要得到……"。

欲望这种情感是我们对难以遏制的需求的激情表达，其本质决定，一旦获取了欲望的对象，欲望就会非常配合地消失，仿佛乘着晨风一般烟消云散。沃利想要加薪，希望得到来自克莱特叔叔的赞美，希望能娶到像自己的母亲一样优秀的女性。沃利是一个总是受到幸运之神眷顾的人，随着时间的推移，这些愿望都得到了满足。欲望的实现对我们有一种安抚的效果，会让我们体验到一种平静的满足。这是一种惬意的状态，但遗憾的是，这种状态不会持久。至少在一段时间内，三个欲望都得以实现的沃利，会沉静地沉浸于对命运的满足之中。

然而，戏剧的波澜仍在翻动。在得到想要的东西时，很少有人能感到彻底的满足。我们的满足虽然发自内心，但也有其限度；这种满足可以使我们快乐，但永远不会让我们的心停止躁动。最初满足感带来的冲击，最终可能会消失殆尽。回想起来，在得到所爱对象之前对于实现欲望的憧憬，与实际达成目的后的感觉之间，总是存在着一种令人不安的落差，失望之情也会涌上心头。有抑郁倾向的人，或许会让自己长期陷入郁郁寡欢之中，失意地认为事情似乎永远不会像自己想象的那样发展，也就是说，事情的发展永远与自己预期的有差距。诸如此类的经历让我们郁闷：我们的欲望能够得到彻底和永久的满足吗？

如果我们尽了最大努力，但所爱的对象还是与我们擦肩而过，这时，欲望便会以挫败告终。有的时候，我们虽然投入了大量的时间和精力，但追求的对象却永远不可能属于我们。以沃利为例，事情完全可以朝着另一个方向发展。那个他认为和母亲一样优秀的女孩，可能会对他冷眼相待，对他的求婚充耳不闻。这样一来，他在这件事上所做的一切努力，都可能会付诸东流。

如前文所述，当我们满足了欲望，将所爱的对象收归己有的时候，便会经历一段平静而满足的时期，已经被满足的欲望也会渐渐消失。然而，这个欲望刚一离开，其位置就会迅速被另一种欲望所占据。即使我们拥有了能够长期给予快乐和满足的对象，欲望也会附着在一个全新的对象之上，继续彰显出来。欲望的火焰，永远不会熄灭。顺便说一句，沃利追求的那个女孩，就是那个和他的母亲一样优秀的姑娘，名叫歌洛莉亚。她眨了眨那双动人的棕色眼睛，低下那梳着整齐发型的头，然后坚定地回答了一句"我愿意"。就这样，两人结了婚，从此幸福地生活在一起。那么，这是否意味着沃利和歌洛莉亚从此不再拥有欲望？问题的答案，应该是不言自明的。

或许，当我们无法确定欲望对象的明确身份时，这样的欲望才最让人魂牵梦萦。拉利塔虽然能够坦言"我拥有了想要的一切"，但仍然渴望得到某种连她自己也说不清道不明的东西。这是一种不同寻常的欲望，因为这种欲望并不聒噪，虽然挥之不去，但又悄无声息，不会伴随着咄咄逼人的侵扰。这种欲望在她心中沉淀，是一种模糊而低调的渴求，渴求着她也不知为何物的对象。不知为何，她觉得自己无法给出确切名字的原因，与这个对象身份的模糊不清有关。拉利塔经常想到她所追求和拥有的一切好与善的东西。她若有所思地问："这些东西身上吸引我的共同点是什么？是什么特质，让我觉得这些形形色色的东西是好与善的呢？"

第八章

最终目的是否存在？

　　所有人的生活都充斥着五花八门的目的，正因如此，我们才会成为马不停蹄的行动派。我们总是忙个不停，追求着各种各样好与善的目的。现在，是时候向自己提出一个尖锐的问题了：有没有什么能够算作最终目的的东西，堪比所有目的中的重中之重？如果某个目的是所有目的及行为所指向的终点，那么我们就能称之为终极目的。它是我们所有行为的意义所在，是我们所做的一切事情的主要原因。

　　这样的目的，会是什么模样？这是一种"终止一切"的目的，也是一种独立存在的目的。这种目的不会指向自身以外的任何东西，也不会一旦实现就转化为达成下一个目的的方法。除此之外，由于这种目的独立性，一旦达成，便能够带来充分的满足感。

　　为了找出是否存在这样一个终极目的，我虚构出了一种场景，假设自己要对现在生活在地球上的所有成年人进行一项民意调查。我的候选问题非常简单，因为这些问题本质上只包含了一个问题。然而，为了确保被调查者明白我想要表达的意思，我决定用三种不同的方式进行表达：（1）在生活中，你最想得到的是什么？（2）在生活中，你最看重的是什么？（3）在生活中，你所做的事情的目的是什么？在收到的回复中，几乎所有的答案都类似于"幸福"，抑或"我要幸福"。因此，我得出结论：幸福是人们最需要的东西，是人们在生活中最渴望的东西，也是解释人们行为原因的终极答案。幸福，就是我们的最终目的。

一项虚构的民意调查并不能为我们提供确凿的科学证据，证明幸福就是人行为的最终目的，把它当作我们所做事情的终极解释。即便如此，如果真的进行这项民意调查，我们倒也不妨推断，大多数人或许真的会将幸福作为最渴望的对象。但现在，让我们暂时放下虚构的民意调查，用切实具体、源于经验、个人的角度思考这个问题。幸福难道不是人人都在追求的终极目的吗？幸福难道不是对于我们所做一切最根本的解释吗？请思考一下自己的生活、自己的行为，思考一下自己做过的每一件事，无论是有意还是无意的。你的每一个行为，都是为了得到你想要的东西。之所以想要得到某个东西，是因为你觉得这个东西是好与善的。而你之所以觉得某个东西是好与善的，是因为你已经说服自己，一旦得到，你的状况就会比之前更好。也就是说，拥有这个东西，会或多或少地助力你的幸福。

归根结底，我们的每一个行为都是为了幸福而做出的。幸福是人行为的终极目的，这是因为追求所有其他目的，皆是为了幸福。幸福是主导一切的目的，赋予其他目的以意义。由于幸福具有统领一切的意义，我们有责任对幸福的概念加以更加细致的分析。

第九章

幸福的概念

　　幸福之所以有资格作为最终目的或终极目的，是因为其独立存在的特征。在幸福之上或之外，没有任何东西能够成为满足我们欲望的对象。之所以将幸福称为终极目的，是因为幸福不是实现或进一步达到任何目的的手段。幸福是人类一切行为指向的目标，也是人类一切渴望的终点。"你为什么想要快乐？"这会被认为是一个非常愚蠢的问题，它在寻求不需要理由的理由。询问我们为什么想要幸福，意味着幸福为了幸福之外的东西而存在，但事实并非如此。幸福为自己而存在。我们想要幸福，仅仅是因为我们想要变得幸福，即出于对甜蜜而令人满足的幸福本身的渴望。

　　幸福是无从超越的制高点，无出其右，无可超越，是最终极的愿望。幸福的概念中带有一种圆满的感觉。虽然我们乐于赋予幸福这些头衔，但基于在真实生活中所经历的幸福，我们还是会在下判断时做出一些限定："圆满的幸福？嗯，差不多吧，只能从某种程度来说。"人们经常会用到"圆满的幸福"这样的形容，这就表明，有一种不那么圆满的幸福，这种我们称之为幸福的现象仿佛是有程度之分的。幸福或许是我们在做任何事情时都在寻求的目的，但是，我们可曾找到过纯粹而无瑕的幸福？我们对已经达到的目的是否完全满意呢？看起来，事实并非如此。这就让我们想起了之前所说的欲望的本质。我们永远无法摆脱欲望，这难道不是一个确凿的证据，表明我们设法获得的任何幸福都不够完美吗？一个达到完美幸福状态的人，难道不该是一个没有欲望的人吗？如果一个人能够达到这样的状态，还能有什么期望呢？这样看来，如前文中所揭示的，我们所能期望的最好的结局，就是尽可能获得最高程度的幸福，一种能让我们体验到最高程度的满足和最低程度的欲望的状态。不妨说，我们对现在的处境相当满意，但也不敢声称我们事事如意，也就是说，我们还有更多的期望和追求尚未完成。

达成某种好与善的目的，有利于促进一个人的幸福。但是如果由此推出，达成的目的越多，当事人的幸福感就越深刻和完整，其中的谬误无须太多的生活经验就能识破。从本质上说，与其说幸福在于通过某种方式去拥有，不如说幸福在于通过某种状态而存在。像"追求幸福"这样的陈词滥调，会诱使我们将幸福视为某种"外在"的东西，一种我们必须不断追求的东西，一种客观的"存在"。尽管幸福不是某种客观"存在"的东西，但它与客观存在有很人关系，因为它取决于我们在现实世界中的行为。

第十章

幸福只有一种定义吗？

关于幸福这个话题还有许多可说。在此，我要提醒大家回忆一下上文中虚构的世界范围的民意调查，调查结果表明，大多数人认为，幸福是人的行为的最终目的，是我们所有行为的基本原因。请大家给我些耐心，容我继续在想象的世界中徜徉冥思。在收集并记录了第一次投票结果后，我又进行了第二次民意调查。这次民意调查也只有一个问题："你所说的'幸福'是什么意思？"如果说第一次民意调查中大家的答案显示出惊人的一致，那么第二次民意调查中的回应则混杂着各种大相径庭的观点。我从民意调查中得出的总体结论是：虽然每个人都想得到幸福，但对于幸福的含义似乎没有达成共识，给出的定义五花八门。

现在，我们面前有一个问题要处理。在将幸福定义为最终目的的那一刻，我们似乎发现了一个统一的观点，可以为任何人的行为提供某种以一概全的解释。如果幸福确实是每个人都在追求的东西，如果幸福确实是我们所有行为背后的根本原因，那么我们就可以围绕幸福这个概念建立一个统一的伦理理论。但是，围绕一个本身不具有一致性的观点，是难以构建具有一致性的理论的。如果幸福有多种含义，那么这个概念就似乎缺乏一致性。

然而，以上推理的结论并不合理。我们没有理由诋毁幸福作为伦理核心理念的地位。只因为人们对某个观点抱有不同的看法，并不说明这个观点缺乏一致性。或许，这些不同的观点即便不算自相矛盾，至少也算混乱无序。真实的情况也的确如此。关于我所谓的对于幸福本质的主要误解，有两点值得注意。（1）误解并没有那么多，实际上只有寥寥几个，而且都已存在许久。这些误解之所以长期存在，说明我们人类在弄清楚幸福本质这件事上没有多少独创性，而是毫无想象力地一次次陷入同一组古老的谬论之中。（2）在这个问题上，我们探讨的是关于幸福本质的严重误解。但是，在此提出的每一种见解并非完全不具合理性。在下一章，我们将探讨一个最具代表性的误解，即幸福在于富有，幸福取决于拥有丰富的物质财富。这种见解的错误并不在于物质是本质邪恶的东西，实际上，物质是构成真正的好与善的原料。这里的错误，在于一种根本性的错位，将次要的东西放在了首位。

接下来，我们将探讨一些关于幸福本质的误解。

第十一章

关于幸福本质的各种误解

"只要我有了钱，幸福就会到来。注意，我说的不是那种富得流油的有钱。我不想沦落成粗鄙的人，也不想要招摇炫耀。请你们理解，我并不想要铺张浪费，我对这样的生活不感兴趣。这么说吧，我只想拥有足够的财富，过得舒舒服服，有足够的金钱让我满足地度过一生，没有任何经济上的担忧，在自己的领域安稳度日，照料我那郁郁葱葱的小花园，然后慢慢老去。这么说吧，我希望有足够的钱，可以让我不必再为钱的事情发愁。"

"你想知道我觉得什么样的条件能给我幸福——真正的幸福——那种能让我完全满足、别无他求的幸福吗？我的答案是权力。权力！这就是我的渴望。首先，我希望把权力占为己有，保证自己拥有完全不受制约的独立性，这样一来，我就不必忍受别人不停地对我的生活指手画脚，不停地侵犯我的领地了。不要误解我的意思，我并不是想无所顾忌地追名逐利，但我必须把关注点放在重要的事情上。首先，我得照顾好自己的需求，为自己争取权力。如果连自己都争取不到权力，我就更没有能力赋予别人权力了，明白吗？我是一个有伟大想法的人，一旦掌权，我就可以把这些想法付诸实践，然后造福于别人，甚至兼济天下。给我权力，我就会快乐，也会给别人带去快乐。请相信我的话。"

"我在人生中最想要的是什么？也就是说，在我看来，需要得到什么才能获得幸福？我需要的不多，真的。我所寻求的只是别人能认可和欣赏真实的我，发自内心地肯定我所取得的成就。你把这称为尊重吗？行，好吧，我承认，这就是我想要的。我希望得到别人对我的尊重，对我细心的关注，对我的才能和所做之事的赞赏，这有什么错吗？我又不是幻想要把整个世界占为己有。我想要的不多，只要能得到足够的尊重，我就会幸福，会非常幸福。"

"幸福是由什么构成的？当然是健康了。让我保持健康，远离任何会折损我身体的东西，因为这些东西会让我的身体无法像现在这样完美地为我所用。有了健康，其他的东西我都可以放弃，包括金钱、权势、性、名声等。毕竟，没有了健康，这些东西对我来说又有什么用处呢？金钱？世界上所有的财富都买不来我的健康。我知道这是老生常谈，但有谁会提出异议呢？对我来说，我的健康是世界上最宝贵的东西。有了健康，我便有了幸福。失去健康，我便会痛苦。"

"全年无休、不分昼夜地尽情享受欢乐时光吧，这就是我对幸福的看法。只要我玩得尽兴，天空就是湛蓝的，阳光就是灿烂的。这是一种思想、一种心态、一种态度。让我们面对现实吧，正如智者所说：人生苦短。这样的老生常谈，往往是大实话。就我而言，人活一世，就是为了享受生活，享受美好时光，从痛苦的生活中获取最大的快乐，这是第一条守则。第二条守则是：避免痛苦，对所有的痛苦敬而远之。我们可没有时间病恹恹地度过一天，陷入痛苦其实就是一种病态，这对我们的心态没什么好处。告诉你，没有什么惊天秘密，也没有什么神奇秘方。你想要幸福吗？只管尽情玩乐就行！"

想象一下，上面的陈述是我从第二次假想的民意调查中摘出的。让我们用这些答案作为一个代表性的样本。每一个回答听起来都非常熟悉，甚至堪称陈词滥调，这一点应该能给我们带来诸多启发。如果用一两句话概括上述回答，那么，幸福的条件主要包括以下几点：（1）金钱或物质财富；（2）权力；（3）荣誉；（4）健康；（5）享乐。如果更加细致地分析这项民意调查，清单无疑会继续延长。但是正如我们所说，这五个类别反映了大部分人心中幸福的本质，这不仅适用于现在，历史证明，这些因素由来已久。如果查阅亚里士多德两千五百年前的著作《尼各马可伦理学》，我们便会发现，书中的内容与上文的清单非常接近。有位法国人[①]曾说：事物越是千变万化，就越是万变不离其宗。

亚里士多德列出的幸福清单旨在说明，在理解幸福的定义时，我们通常会误入歧途。财富、权力、荣誉、健康、享乐，以上这些

---

① 指让-巴蒂斯特·阿尔冯斯·卡尔（1808—1890），法国评论家、新闻记者、小说家。

因素，都不足以定义幸福。举例来说，如果你选择了权力，把一切精力都投入进去，把权力作为你所做的一切背后的首要目标，奉为生活的重中之重，像这样把获得幸福的希望全寄托在一个因素上，是对幸福本质的严重误解。

不难理解，有人可能会发问：这有什么问题吗？这些因素有什么本质上的缺陷吗？不，这些因素没有什么本质上的缺陷。事实上，这些因素的本质中都含有积极的一面。让我们依次来看。首先来看金钱或物质财富，这不仅对幸福生活有着重要意义，从某种程度来说，也是幸福生活的必要条件。简单来说，没有充分的食物、衣服和住处，幸福就不可能实现。但财富呢？真正的幸福意味着过上一种合乎道德的生活，在财富和真正的幸福之间，并不存在固有的矛盾。单凭拥有财富这一个因素，并不能说明问题，重点是对待财富的方式，也就是对这些财富的使用方法。

对于权力的滥用，我们都有过切身利益的体会，有的时候，这种滥用是公然甚至残酷的。因此，我们可能倾向于得出这样的结论：权力本身带有某种邪恶的属性，所以，努力追求权力是不道德的。这种思维方式是存在问题的。从最基本的意义来说，权力就是有效行为的能力，如果我们不具备这种能力——如果失去了权力——我们就不可能拥有道德。与财富一样，问题不在于权力本身，而在于运用权力的方式，在于我们为自己的能力所赋予的方向。

渴望得到他人的尊重、认可和赞赏，是否足以让我们深陷自责呢？答案是不足以。但是，和其他合理的欲望一样，我们对于荣誉的重视也有过于夸大的可能。我们经常听别人抱怨自己"没有得到任何尊重"，好像这是一件十恶不赦的大事，仿佛上天欠了他什么，这感觉实在令人讨厌。但是，我们不应该因为某个合理的问题被人扭曲，就对问题本身加以谴责。在理想条件下，仅仅就个人本身而言，人人都应该得到尊重。想要得到尊重并没有错，但从另一方面来说，就算得不到尊重，也不至于对我们的幸福造成不可弥补的损害。

对于健康的意义及其对我们的幸福所起到的作用，又有谁能提出异议呢？认真照顾自己的健康不仅值得赞扬，也是一种义务。然而，虽然健康在幸福中有着一定的作用，但它不等同于幸福，因此，"失去健康＝失去幸福"的等式是错误的。

那么享乐呢？享乐是美好的，痛苦是有害的，这一点毫无疑问。享乐在伦理学中扮演着至关重要的角色，我们稍后会进行深入探讨。而现在，我只想简单地提出一个显而易见的观点：有的时候，享乐会带来问题。如果任由享乐成为我们生活的核心因素，就会发生这种情况。有句谚语说得好：享乐既能成为天使般的仆人，也能成为魔鬼般的主人。

鉴于幸福应被视为终极目的，也就是我们所做一切的终极原因，那么，如果我们对幸福的真实本质感到困惑，原因便在于我们将目的和方法混为一谈。财富、权力、荣誉、健康、享乐，这些因素到底应该在我们的生活中扮演怎样的角色？所有这些因素都只是方法，而不是目的，我们绝不能让其中任何一个因素代表我们生活的核心价值。其中没有一个因素有资格成为我们生活中的主导。

以财富和权力为例，可以更加清晰地认识到这一点。在世界文学中，充满了以财富或权力为终极目的之人的悲剧。对财富的痴迷，演变成了侵蚀灵魂的贪婪；对权力本末倒置的渴望，最终会变成一种磨蚀一切的无餍。盲目追求点石成金，有可能把自己引入绝境。对权力的垂涎则会导致可怕的贪欲，历史已经给我们提供了太多悲惨的例子。

但是，注重健康又是如何让人误入歧途的呢？如果对健康过分关注、将健康本身作为目的，就会让人走错方向。健康和权力一样，都是获得幸福的一种方法，而不是幸福的根本。我们不应为了健康而健康，而是应该将健康作为一种手段，助力我们完成工作，有效地履行生活所赋予我们的义务。迷恋健康无异于一种自我放纵。古罗马人常说"Mens sana in corpore sano"，意思是"敏锐的思维和健康的身体密不可分"。健康的身体若承载着不健康的思想，对身心都没有好处。和享乐一样，健康是获得幸福的必要因素，但不是唯一因素。

现在，我们正在向幸福的定义层层推进，以这个定义为核心，我们便可以建构出一套健全的伦理理论。但是，我们必须先来处理一个论点，这个论点有可能推翻我到目前为止所说的一切。

第十二章

反对意见

目前为止，我对伦理学的探讨带有非常明显的"幸福论"印记。这个文绉绉的术语的起源，可以追溯到"eudaimonia"这个希腊词源，意为"幸福"。我在书中如此强调幸福这一概念，等于间接将幸福作为伦理学中的重要因素。

然而，也有一些哲学家会对我的研究方法持反对意见，他们认为，幸福无权扮演这么重要的角色。说来有趣，反对者的意见并不统一，我们需要考虑以下两个不同立场。

第一个立场的基本反对意见如下。把幸福的理念置于伦理学的首要地位，是对这门高尚道德学科的诋毁，使之成为一门促进狭隘利己主义的庸俗教程。幸福不是人类所有努力的目标，不能解释我们所有行为的目的。想要明白个中原因，我们只需提醒自己回忆幸福的本质：幸福是一种愉快的精神状态。这样一来，大肆宣传的"追求幸福"就等于追求享乐，所谓道德之人，就变成了将满足自我奉为重中之重的人。然而，人的行为的目的，并不在于以自我为中心的满足。真正的伦理是利他的，要将眼光投向外界，而不是向内看。真正合乎伦理的行为，并不能与自私的行为画等号。

这一论点的说服力，在于质疑幸福这个概念的合理性。如果如这一论点所称，幸福在本质上与享乐是一码事，那么这个论点无疑是正确的，我们在这里所采取的立场也会理所应当地被驳倒。然而，真正的幸福不同于这一论点的定义。有的时候，幸福的确会与一种满足的精神状态挂钩，这种状态当然也令人享受，但我们不能因此就将幸福与这种状态画上等号。幸福可以包括享乐，现实情况也往往如此，但实际上幸福和享乐并不是一码事。

第二种立场要复杂得多。这种立场并不把幸福贬低为享乐，也能够大方承认幸福在伦理学中起到的重要作用。但是，和第一种立场一样，这种立场也不愿将幸福视为人的行为的主要动力。这一立场的倡导者非常强调合乎伦理的行为"无条件"这一特性。当我仅仅因为一件事是善举而为之时，我便可以说自己的行为是无条件的。促使我必须执行的，纯粹是这个行为的善。我不会为这一行为设定任何条件，也不会在行为本身之外寻找任何东西来证明我的行为的正当性。我不会对此进行假设或有条件的推理，也就是说，我不会说："我要确信某行为会给我带来幸福等积极影响，必须要达成这个条件，我才会去执行这个行为。"也就是说，幸福成了合乎伦理的一个条件。然而，这种行为是个应设定任何条件的，即便有通过这种行为获得幸福的可能性。

如果按照这种反对立场进行推理和行为，我就会在应该坚决时犹豫不定，在应该果断时优柔寡断，而这些，并不是一个真正有道德的人的标志。在伦理问题上，只有当我能对自己提出明确且无条件的要求时，才能算是思路清晰。如果某种行为是良善的，那么这就是我需要掌握的全部信息，我只需告诉自己："做就是了！不要想什么'如果''而且''但是'。"如上所述，这种立场虽然承认了幸福对于伦理学的重要性，但不愿赋予幸福在我们眼中应得的地位。其中一个原因在于，这种立场认为幸福难以定义，所以围绕其本质衍生出各种各样的分歧。

我们应该如何回应第二个立场？如果可以确定某种行为正确，那就应该毫无异议地执行，且不应附加任何条件。但是，这种立场的拥护者错误地认为，在幸福论中，幸福被设定成了做好事的条件。实际情况并非如此，我们并没有将幸福建立在行为本身之外。我们可以在下文中看到，善举和幸福是没有区别的。我们并非为了幸福才做出善举，因为善举和幸福是一回事。

现在，我们必须进一步剖析善举、一般意义上的伦理与幸福之间的关系。

第十三章

幸福是什么

让我们来温习一下前文的内容。关于幸福的本质，我们已经提出了许多重要的观点。首先，我们声明幸福是终极目的，是引出一切人的行为的动机。我们知道，所谓目的，是对特定行为原因的解释。比如，射中靶心是射箭的终极目的或使命。不加任何限制条件的终极目的是所有具体目的的终点，即对我们所有行为的终极解释，也就是我们所做的一切的"终极理由"，包括像射箭这样稀松平常的事情。终极目的也可以叫作"最终目的"。

我们很容易看出，幸福为何有资格被称为终极目的。如果有人非让我们说出一个最能解释所有行为的原因，大多数人都会给出"因为我想要幸福"之类的回答。如果我们能仔细思考自己有意识做过的所有事，连最琐碎的事情都不放过，深入记忆，找到这些事情最根源的动机原则或根本原因，我们就会发现自己对幸福的渴望。

有一个理念与"幸福是终极目的"这一观点紧密相连，即人们追求幸福，目的在于获得幸福本身，因此，我们说幸福是独立存在的。在我们眼中，幸福不是某种中途的落脚点，一旦到达，就会变成通往更美好未来的起点。幸福本身就是终点，是我们想去的地方。作为终极目的，幸福不会转化成达到另一个目的的手段。鉴于幸福的这一特点，在拥有幸福时，恰当的反应应是一种根深蒂固的满足感。只要获得幸福，我们就能获得满足，与自身及周遭的一切和平相处。

虽然我到目前为止还没有特别强调，但是我们对幸福定义出的另一个关键特征，是幸福的永恒性。话虽如此，但生命中真有什么东西是永恒的吗？如果讨论的是绝对的永恒，那就必须承认，我们没有能力做出这样的保证。我在这里所说的，是相对的永恒。与帐篷相比，房了是一个永久性的住所，我们会想到那种世代相传、制作精良的房子。幸福必须是稳定和持久的，不应该像帐篷一样在几分钟内就能被摧毁。诚然，制作精良的房子也可能被火烧毁或被龙卷风摧毁，但排除这种灾难性事件，这样的房子总能在一天结束时等待我们回家，日复一日，没有例外。这就是我们在幸福中寻找的那种持久的稳定。幸福是永恒的，它应该和拥有它的人存在得一样久。

除了这些已经讨论过的内容，我们还需要关注另一种常见的看待幸福的方式，虽然这种方式并不能很好地体现幸福的真实本质：我们经常会用量化的术语来谈论幸福，仿佛幸福是某种商品，能用一种可以精确计算的方式增加或减少，提升幸福感就像增加银行账户的存款一样。我们之所以产生这种想法，可能是因为我们倾向于将幸福与物质财富联系在一起。事实上，我们应该从强化或完善的角度进行思考，就像通过持续和认真的练习让演奏乐器的技艺臻于完美一样。这么说来，幸福到底是什么呢？首先，重申之前的观点，幸福不是外在的东西，不能与实现幸福的行为拆分开来。我要在这里提出一个关于幸福的概念，这个概念对于大家来说可能非常陌生，因此必须仔细品味，才能体会到其中的深意。幸福是行为，是合乎道德的行为。我曾多次强调幸福是行为的目的，尽管如此，幸福仍然离不开行为。幸福和行为是一回事。一个人之所以拥有幸福或者是幸福的，是因为这个人追求善的行为合乎伦理。一个人的幸福，与伦理行为是画等号的。

我们的生活可以被视为一幢精美的大厦，而我们积累的行为，就是建造大厦的材料。我们是什么样的人，这一点是由我们的行为揭示出来的。幸福是一种特殊的存在状态，一种特殊的生活方式。为了掌握幸福的本质，即幸福存在的真实性，我们需要把所有注意力集中在个体上，即我们认为幸福的、有行为的人类个体上。

让我们认定一个人幸福的主要因素是什么呢？谁才是真正幸福的人？这样的人能够始终如一、稳定可靠地做事，且做事方式能够符合且反映真正的善，也就是符合并反映人的理性本能。在这里，行为的始终如一凸显了持久性这一要素。这个我始终坚持且不断完善的关于幸福的概念是亚里士多德提出的，他将幸福定义为一种合乎美德的生活，这种定义言简意赅，且一针见血。

让我们来具体思考正义这一美德。一个幸福的人就是一个自然习惯公正行事的人，而这个人的幸福也源于这样的做事方法。公正和快乐是相通的。所有美德都是相通的，因此行为一贯符合正义的人，也能一贯符合其他的美德，只是具体程度有高有低。因此，这个人的所有行为在性质上具有相似性。任何人的一切行为都可以视为对此人本质的总结，因此我们又一次回到了上文中的论点，即幸福归根结底是一种存在方式，一种生活的方法。幸福不能与幸福的人分开看待，因此才有了前文提到的幸福的持久性。

幸福的一个组成因素，就是按照一定的方式生活：合乎美德，也就是说，以符合美德的方式面对生活。我们之所以幸福，原因就在于这种生活方式。幸福不是从天而降的，而是由我们自由选择的行为方式带来的。我们并不是为了获得幸福而以合乎美德的方式生活，而是因为合乎美德的生活方式本身就是幸福的。"向外"寻找幸福是徒劳的，幸福只能在一个地方找到，那就是在我们自身之中。更确切地说，幸福存在于我们所做的事情之中，在我们一生始终如一的行为之中。

认为幸福必然与积极的情绪有关，是关于幸福的一个常见误解。在某个时间点，一个幸福的人会不会体验到积极的情绪，完全是偶然的。幸福当然不会排斥积极情绪，但积极情绪不一定常伴幸福。有些人性格开朗，乐观向上，但他们认为的幸福可能与我们的定义有所不同。幸福不是由性情决定的，即使存在决定因素，幸福也是由基因决定的，这一点我们无法控制。但我们可以通过控制自己的行为来控制幸福，这也是幸福一个非常重要的特征。

鉴于"自我感觉良好"这种表达通常带有贬义，如果将幸福简化为"自我感觉良好"，无异于是对幸福的一种轻视。对于一个幸福的人来说，关键不在于良好的感觉，而在于良好的行为。如果良好的行为恰巧能够带来良好的感觉，那当然更好，如果一个人不怀着感恩之心接受这种感觉，未免有些不知好歹。但归根结底，良好的感觉是次要的，在某些情况下甚至是无关紧要的。前文描述的道德立场所提倡的心态非常值得嘉许，即无论感觉如何，都一定要做正确的事。

但是，在突出幸福与行为之间的密切关系时，我是否没有充分强调幸福是一种精神状态？幸福可以被视为一种精神状态，但与此同时，我们也应深入挖掘这种视角可能带来的影响。精神状态是由我们的行为创造并界定的。因此，作为一种精神状态，幸福是由等同于幸福的行为所建立的，也是与之密不可分的。在幸福的状态下，我们忠于自己的本性，没有辜负我们作为理性之人的本质，因此能够充分与自己和平相处。

第十四章

行为和幸福是一体的

幸福和行为为何是一体的呢？我们有必要深入探讨一下这个问题，鉴于我们常用的思考方式，我们并不会不假思索地将幸福与具体的行为联系起来。想要更清楚地了解这一重要问题，无须花费太多精力，通过二个简单的步骤就可以完成。

第一步，我们可以回忆某种具体行为的本质。但愿读到现在，各位已经更加坚定地相信，每一个行为都是出于某个目的做出的。行为的本质带有目的性，如果不是这样，行为就不符合作为行为的条件。在承认了这一点后，我们可以看到，是目的定义了行为，使之脱离模糊且不确定的状态，使之不再是无意义的运动，并赋予其一种清晰可辨且可以命名的身份。目的为行为"定位"，赋予特殊性，使之与其他行为区别开来。烤面包与求婚的行为之所以能够区分开来，就在于前者的目的是一块面包，后者的目的是让伊冯娜对达米安说"我愿意"。

第二步，要知道虽然目的定义了行为，但反过来行为也定义了发起行为的行为者或行动者。是如何定义的呢？实际上，定义的方法多种多样，具体取决于行为的性质及其在行为者整体行为中所扮演的角色。如果烘焙面包不仅仅是露丝偶尔为之的消遣，而是她经常从事的活动，更是她谋生的手段，那么我们就会把露丝和烘焙这一活动联系起来，称她为面包师。一个人的整体条件或地位是由其行为确定的，然后以这样或那样的方式加以改变。有的时候，某个意义重大的举动，足以使一个人的地位发生戏剧性的改变。接受求婚的直接结果，是当事人的状态从"单身"变为"订婚"，而"订婚"的状态，最终将会被"已婚"所取代。

第三步，相信大家都会同意，我们所说的幸福，是指人们所处的某种条件或状态。我曾在上文中称之为一种精神状态。状态或心境由我们的行为创造和维持，因此，我们应该不难看出幸福和行为之间的密切联系。我们可以从因果的角度来看待二者之间的关系，即行为创造了状态。如果真是这样，我们需要意识到，在此发挥作用的因果关系之间的联系非常紧密。

有些原因一旦完成了它们的因果关系，就可以说是"退役"了，但它们造成的影响仍在继续。一位高尔夫球手可以把球从球座上打出，然后挥杆完毕，站在那里一动不动地看着球，嘴角挂着满足的微笑，任球在早晨清冽的空气中飞向球道中央。高尔夫球的持续运动，并不取决于高尔夫球手的持续运动。

在离发球台不远的地方，一名场地管理员正推着一辆手推车沿着一条蜿蜒的小路前进。手推车在移动，管理员也在移动，但手推车只有在管理员移动时才会移动。如果场地管理员的运动停止，手推车的运动也会停止。手推车的运动状态，直接取决于场地管理员的持续行为。

关于手推车和场地管理员之间的因果关系，也可以用来形容幸福和导致幸福的行为之间的关系。状态的延续，取决于动作的延续。但是从两个方面来说，这个例子存在一些漏洞。手推车和管理员之间的区别，要比幸福和导致幸福的行为之间的区别明显得多；事实上，二者之间是分离的。但是，做出行为的人与行为造成的影响之间却不是分离的。此外，确保幸福持续的行为，并不像管理员沿小路推动手推车的行为那样持续不断。我们说维持幸福需要持续行动，意思其实在于，必须要有一种持续一段时间的一贯的行为方式，而不是说幸福的人要一刻不停地行动。即便是幸福的人，也需要一定的睡眠和休憩。

总而言之，幸福指的就是处于某种状态，这种状态的创造和维持，都依靠存在于这种状态的人所习惯的某种行为方式。从某种意义来说，行为等同于状态，这是因为，没有行为就没有状态。那么，我们所说的行为是什么呢？这是一种高尚的行为。从最基本的意义上理解，始终如一地遵循美德行事，即以完全符合人性的方式行事，彻底实现作为一个人和理性动物的潜质。这就是幸福的意义所在。我必须再次旧调重弹地阐明一个关键点：与其说幸福是特定行为方式的结果，不如说幸福由特定行为方式构成。更明确地说，善行的目的在于自身，从事善行的价值，就在于行动的过程之中。

第十五章

人的行为

　　幸福由特定行为构成，一般来说，我们将这种行为称为美德行为，但无论何种人的行为，都可以归结为个体行为。我们想要准确解读某种行为，就必须关注构成这种行为的个体行为，并试着确定这种行为的本质。对于组成部分（个体行为）的认知会为我们提供重要的信息，让我们对这些部分所构成的整体（行为）有所认识。

　　在前文中，为了对人的行为有一个准确的理解，我们称之为有目的的行为，即有意识且有意图努力追求终极目的的行为。从最基本的意义来说，以符合人性的方式行动就是指带着目的行动，即在追求特定目的的同时明确意识到这些目的是我们的目的、我们要实现的目标。作为人类，想要解释以目的为导向的活动的根源，答案不在原始的本能冲动之中。当然，我们的确拥有原始而本能的冲动，但当这种冲动成为我们行为背后的驱动力时，我们就不能算是在以符合人性的方式做事。如果原始本能是频繁驱动人的行为的主要因素，那么外面的世界便真的如原始森林般危险重重，我们大多数人会选择待在室内，只是偶尔透过百叶窗偷窥一眼，看看最近发生的暴行。

作为人类行动者，我们之所以能够意识到自己有目的，是因为我们的思想将目的与善融合在一起。我们之所以追求目的，是因为我们在大脑中形成概念，认为目的是一旦达成就会给我们带来益处的东西。换句话说，我们认为目的是善与好的。除此之外，我们还会想象追求目的可能带来的成功，有时甚至会极尽详细地勾画出来，即便这次追求在现实中以失败告终。

显然，个体的人的行为只存在于人的行为被视为一个整体的大背景下，在这种情况下，个体的行为是整体人的行为的一个组成部分，由此，我们便能够立即将这种行为视为有意识且有意而为的行为。请注意我们使用"人的行为"这个词的特殊方式。根据定义，人的行为是一种有意识且有意而为的行为。"人的行为"的另一个名称是"自愿行为"，这一点非常清楚地解释了我们所探讨的问题。"自愿行为"与"人的行为"同义，而自愿行为是我们在伦理学中唯一感兴趣的行为。这是因为，除非一种行为是自愿的，也就是说，除非一种行为是有意识且有意为了达成某个具体目的而特意执行的，否则就不能用伦理学特有的评判标准加以衡量。

那么，伦理学所特有的评判标准又是什么呢？简而言之，就是道德评价。我们会判断具体行为在道德上是好是坏，从而决定给予赞扬或谴责，而在进行任何判断时，我的标尺并非基于这种行为作为运动、音乐、法律或打桥牌行为的好坏，而是作为人的行为的好坏。我们会针对这个行为提出这样的问题：根据可以自信地将某种行为归于"人的行为"的标准，也就是对比我们觉得某个理性行为者应该做出的行为，该行为是否够格？但是在此之前，我们必须充分回答另一个问题，否则便没有提问的资格，那就是：这个行为是自愿的吗？如果这个行为不是自愿的，那么对于该行为的道德评价便要就此打住。这样的行为并不涉及道德范畴。

鉴于自愿行为的重要性，我们最好对其基本特征有所了解。在成为自愿行为之前，一种行为必须满足两个条件：（1）行为者必须知道自己在做什么；（2）行为者必须自愿去做这件事情。

说一个行为者必须知道自己在做什么，并不只是确定行为者必须具有意识，这一点本身就是不言自明的事实。我们是说，行为者必须意识到自己正在进行的行为的确切性质及其后果。为了说明问题，我们不妨举一个例子。曼弗雷德是一名大学教授，一天凌晨两点，在实验室辛苦工作了几个小时的他准备离开科学楼。他睡眼惺忪地穿过走廊时，却注意到植物学实验室里所有的灯都亮着。他在门口停了下来，透过玻璃往里看，却没有看到任何人。他打开门，喊道："有人吗？"没有人回答。他心想：这么浪费电，也太粗心大意了。他把所有的灯都关掉，然后继续往前走，还为自己做了一件有利于环保的善事而自得。

直到第二大，曼弗雷德得知自己表面上的善举带来了灾难性的后果。植物学实验室里的灯是特意开着的，连续十四天、每天二十四小时提供光和热。为了研究一种来自厄瓜多尔的稀有植物，植物学副教授弗朗西斯科·弗洛雷斯博士进行了一项耗资巨大的精密实验，而这种灯正是实验的工具之一。由于曼弗雷德随手关灯的习惯，实验被搅黄，数千美元的经费也打了水漂。如果实验成功，弗洛雷斯博士本来有可能得到晋升，而现在，这个可能性也泡了汤。

曼弗雷德为自己的所作所为悔青了肠子，这也并非没有道理。毕竟，是他的行为导致这次实验的失败。但是，关灯破坏实验的事情，是不是他有意而为呢？他当然不是有意而为。更准确地说：在关灯的时候，他知道自己做了什么吗？他并不知道。如果曼弗雷德意识到关灯的后果，如果他在考虑到这些后果的情况下故意关灯，那么我们探讨的就完全是另一个问题了。事实上，曼弗雷德不知道自己行为的确切性质，因此，我们不能说他对这一行为负有道德责任。他虽然意识到自己在关灯，却没有意识到这样做会对实验造成破坏，从这个角度来看，准确地说，他并不知道自己在做什么。他的行为是非自愿的，他并没有做出不道德的行为。

针对刚才所描述的这类情况，我们不妨引出几个观点。第一个观点：一个人不必为造成消极后果的行为受到道德上的谴责，这个事实当然并不意味着这个人不会对自己的行为感到内疚。如前所述，当同是科学家的曼弗雷德意识到自己的所作所为时，他感到心痛不已。但是从道德的角度而言，他对自己所做的事情感到难过，并不意味着这件事本身不好。这是一个相当浅显的观点，但还是值得一提，因为有的时候，我们会把感到内疚和有罪混为一谈。第二个观点：一个人的行为在道德上不应受到谴责，并不意味着此人在法律上不应受到谴责，尤其在美国这样一个热衷诉讼的社会。

让我们再来看一个例子，这个例子与自愿这一重要因素有关。下午三点左右，罗琳在她就职的房地产公司接到一通电话。那是一个男人的声音，声音很模糊，刚开始的时候，她听不清对方在说什么。对方重复三次之后，她终于听明白了。放下电话后，她浑身都在颤抖。那个人告诉她，如果她还想见到自己的女儿，就把2.5万美元的现金装进一只纸袋，把袋子存放在灰狗巴士车站一个指定的储物柜里。这件事最迟要在晚上七点前完成。如果她敢把这件事透露给警察或任何人，就再也别想见到自己的女儿了。她只顾呆若木鸡地听着，等到终于能说出话时，她像连珠炮似的问了一串问题，但回答她的，只有响彻耳畔的挂断音。

这是个残忍的恶作剧吗？罗琳有些惊慌失措，于是打电话给女儿所在的日托中心。管理日托中心的霍金斯太太显然对罗琳的问题大吃一惊，回答说，不，珍妮丝不在那里。她在半小时前被娜塔莉接走了，娜塔莉自称是罗琳的闺密。罗琳不寒而栗，她并没有什么叫娜塔莉的朋友，闺密里没有，普通朋友里也没有。她请霍金斯太太描述一下那个女人，她描述了一个陌生人的形象。罗琳放下听筒时，声音已经嘶哑。

这不是恶作剧。罗琳告诉老板有急事需要处理，必须早点下班，稍后再做解释。她驱车直奔银行，她在银行里的储蓄账户中有26331.75美元，这是她名下所有的钱。她取出了2.5万美元现金，装进一个大号马尼拉纸信封里，驱车来到公共汽车站，把钱放在了4610号储物柜，然后按照指示，把钥匙放进女洗手间离门最远的隔间的抽水马桶水箱里。事后，罗琳回家等消息。五十五分钟后，电话响了，还是那个她在办公室电话里听到的模糊不清的男声。那个声音告诉她，钱拿到了。她现在要做的，就是去四十六街和斯内灵大道的交叉路口，路口的西北角有一个公共汽车站候车亭，她的女儿就在候车亭的屋檐下。罗琳开车到了指定的十字路口，心在胸腔里怦怦直跳。她看到女儿就坐在候车亭的长凳上，前后摆动着双腿，嘴里还嚼着一大块红色的甘草糖。看到母亲时，她咧开嘴，露出一个灿烂的笑容。她毫发无伤，显然没有因为被绑架一事受到惊吓。罗琳如释重负，但回忆起电话里那个低沉的声音说的最后一句话"祝你今天愉快"时，她的心中还是泛起了阵阵苦涩。

我们该如何从道德角度评价罗琳的行为？我想大家都会认为她做了正确的选择，也许是在这种情况下唯一能做的选择。但是，我之所以重述这个俗套的桥段，是为了引出一个探究罗琳行为的确切性质的问题——这些行为是自愿的吗？当她从银行取出2.5万美元交给这些无耻之徒的时候，她的行为是自由的吗？对于这个问题，我们可以同时给出肯定和否定两个答案。从某种意义上说，她所做的一切都是有意且自愿的。但是，我们不能说这些行为的自由是不受局限的。我们不妨问问自己：在另一种情况下，罗琳还会表现出这样的行为吗？她不会。当时的环境逼迫她做出某种选择，而她所采取的行动，是在其他条件下绝不会采取的。她被迫做出了所做的事情，而这种强迫限制了她行动的自由。因此，她的行为不能说是完全自愿的。

那么，对于一个人在身心受到威胁时犯罪的案例，该如何分析？如果打电话给罗琳的人指示她去抢银行呢？如果罗琳一心想要确保孩子安全，遵循了来电者的指示，并把抢来的钱交给了绑匪呢？她会为自己的行为受到道德上的谴责吗？想要正确分析这一问题，关键点就在于强制这一因素。这种情况的法律细节，我们且留给法院去厘清，但从道德的角度来看，罗琳的行为是在强迫下做出的，因此我们可以假设她并非自愿。如果这个假设合理（这只能通过调查案件的具体细节来确定），那么，罗琳在道德上便是无辜的。

综上所述，除了自愿的行为之外，任何行为都不应受到道德的评判。无论是积极还是消极的道德评判，都要以自愿作为必要条件。自愿行为是人的行为，是最充分且最富有道德意义的人的行为。在此重申，任何行为能够成为自愿行为，都必须满足两个标准：第一，实施该行为的人必须充分了解该行为的所有后果；第二，人在实施行为时必须是自由的。如果我清楚地知道自己在做什么，也明确愿意做这件事，那么我的行为就是完全自愿的。任何对行为认知的削减，或任何限制行为自由的因素，都会反过来减少行为的自愿性。随着自愿性的减少，道德责任也在减少，罪责的程度也会相应减少。

第十六章

无知可以作为借口吗？

只有在能够完全意识到自己的所作所为时，我们才能对自己的行为承担道德责任，这也与常识相符。在正常情况下，遇到有人施行了某种破坏性的行为，如果不是出于故意，我们一般不会加以指责，也不会把道德罪恶感强加在他们身上。意外时有发生，在某种意识层面上，这些人能意识到自己在做什么，但从另一种意识层面而言，他们对自己做的有害之事全然不自知。在大多数情况下，我们可以合理地假设，人们如果知道自己的行为有害，会选择规避。

无知可以作为借口——这是一项基本原则，但是，这项原则的细节需要加以限定。在科约特郡，一位副警长礼貌地让拉里把车停在路边，这让拉里感到困惑，还有一些恼火。他知道，自己并没有超速行驶。那么问题到底出在哪儿，是烧坏的尾灯还是诸如此类微不足道的小事？如果警官们要出来找碴儿赚外快，说明他们今天的"业绩"一定不怎么样。当那位警官朝车子靠近时，拉里的心理活动就是如此。警官礼貌地要求查看拉里的驾照，快速扫过一眼后，又还给了他，然后问他是否记得在八百米外超过的那辆校车。拉里回答说记得。"你注意到校车停下了吗？""注意到了。""你看到校车的红灯在闪吗？""看到了。""那么，你为什么不停车呢？""停车？"拉里反问道，"我为什么要停车？"警官耐心地解释说："因为州法律规定，当校车的红灯闪烁时，所有车辆都应在双车道上停在校车的前后。""可是，"拉里满怀信心地说，"我不知道有这种规定。"警官一边开罚单，一边严肃地说："不懂法律，不是借口。"

拉里吃了一张天价罚单，我想，大家估计不会太为他鸣冤叫屈。身处家乡所在的州，作为一名有驾照的司机，对于自己所违反的这条法律，拉里应该是心知肚明的。拉里的无知不能作为借口，警官给他开罚单也是天经地义。只有当无知的责任不在我们自己的时候，才能免除我们的道德责任。拉里对他所违反的法律的确一无所知，但这种无知是出于他自己的疏忽，他没有掌握应该掌握的知识。

回顾拉里与法律的这次小小的擦肩，我们看到了可以克服和难以克服的无知之间的区别。拉里表现出的是可以克服的无知，这种无知能够也应该被消除，因此，无知的人要为这种无知负责。导致这种无知的因素有很多，大多数时候是因为我们的粗心大意，没有去了解职位和职责要求我们了解的信息，也没有对这些信息进行持续更新。

有的时候，我们也会故意对本应知道的事情不管不问。威利正在和旺达恋爱，旺达是一家房地产公司的秘书，威利则是这家公司最优秀的推销员之一。旺达既迷人又聪明，两人相处得很愉快。但在最近的几次约会中，旺达说的话让威利想起了一个令人不安的问题：这个女人结婚了吗？虽然威利称不上什么道德模范，但也不是一个没有底线的人。从小接受的教育不允许他与已婚女人交往，他也知道，这种行为不会得到自己母亲的允许。威利原本可以轻易克服对于旺达婚姻状况的无知，他可以简单地问一句："呃，不好意思，旺达，你介意我问你一个私人问题吗？你是不是结婚了？"除此之外，他还可以通过其他较为间接的方式找到答案。

但是，威利选择不去追究，让自己继续处于无知的状态中。毕竟，旺达的确很迷人，两人在一起也的确相处得很愉快。几个星期过去了，有一天，威利在当地一家药店遇到了彼得森牧师。牧师直言不讳地严厉质问他，说他和一个已婚女人在镇上闲逛，任凭人们制造流言蜚语，问他知不知道自己在做什么。威利装出一副大吃一惊的样子："什么，旺达结婚了？我不知道这件事！"没错，威利，你确实不知道，但你应该知道，而且很容易就能知道。你的无知不能当作借口。

有的时候，我们会处于某种由心理负担导致的状态中，无法正确意识到自己在做什么，从而对这些状态下行为的道德评价产生影响。如果一位梦游症患者在客厅梦游时不小心碰倒了表妹米里亚姆珍贵的传家宝花瓶，花瓶在地板上摔了个粉碎，我们不会给这位患者安上故意破坏财物的罪名。

但是，让我们再来看看巴尼·比克斯顿的案例，他在特里酒馆泡了大半天的时间，一杯接一杯地猛灌威士忌酸酒。直到午夜时分，他才踉踉跄跄地离开酒馆，笨拙地爬上车，朝他家的大致方向驶去。他只开了几个街区就闯了红灯，在斑马线上撞上了一个十几岁的男孩。男孩被撞到了一旁的人行道上，受了重伤，不省人事。巴尼却继续向前开去。过了几个小时，当警察最终找到他时，他用经过小心斟酌但含混不清的语言解释说，他完全没有意识到自己撞到了人。肇事逃逸？没来肇事，何来逃逸？

鉴于巴尼的状态，可以想象他或许真是在无意识状态下撞了那个男孩。由于醉酒，他对自己的行为一无所知。但很显然，他的无知并不能成为借口。他不能因为自己当时所处的状态而逃避行为的道德责任，他要对这个状态本身负责。因此，作为对该状态负责的人，他要对伴随这一状态而来的无知负责，也要对在无知状态下所做的行为负责。

我们不必为不可克服的无知负责。有的时候，我们的行为会产生有害的后果，但我们在执行这些行为时对后果一无所知，出于这个关键点，于情于理，我们的无知都不应受到指责。这种无知不是因为我们的疏忽或粗心，也不是通过我们故意的不作为或作为产生或维持的。在前文讨论的案例中，曼弗雷德用手轻轻一按，便搅黄了一项重大的植物学实验，我们叼以合情合理地判断，这是一个不可克服的无知的例子。弗洛雷斯博士并没有对他的计划进行公开宣传，鉴于曼弗雷德自己的职位和职责，他也没有什么理由必须对这件事加以了解。曼弗雷德的行为是无知的，但这种无知不是他自己造成的。

　　总的来说，不可克服的无知可以作为借口，可以克服的无知不能作为借口。只要在执行时不了解这些行为的破坏性，且不能因这种无知受指责，我们在道德上就不应受到谴责。然而，如果这种无知是我们有能力消除的，但我们没有采取任何解决措施，那么我们就必须为自己的无知行为承担责任。

第十七章

意愿能被强迫吗？

我们必须知道自己在做什么，也必须愿意进行自己正在做的事情。若不能满足这两个条件，我们就无法对这种行为进行道德评价。作为不受阻碍的自由行动者，只有满足这两个条件，我们才算自愿执行自己正在做的事情。一旦这两个条件得到满足，我们就得出了一个自愿的行为，也可以称为人的行为。我们还可以叫它的另一个名字：自由行为。

如果行动自由受到任何形式的侵犯，我们作为负责任的道德行为者的行事能力就会相应降低。如果被迫违背自己的意愿去做某件事或合作参与某项活动，我们对自己行为的道德责任就会受到直接影响。如果我们迫于压力而完全违背自己的意愿做某件事，也就是说，我们完全无意想要达到在强迫下进行的行为所达到的目的，那么，在这种情况下，我们对该行为的道德责任为零。只有在自由行动的前提下，我们的行为才有理由受到表扬或指责。

想要强迫我们做不愿做的事，最直接的方式就是人身威胁，比如被持械抢劫、强奸或绑架。持械抢劫的受害者虽然不愿失去财物，但如果不做这种选择，身体可能会受到严重的伤害，甚至会丢掉性命。因此，虽然受害者不情愿，但还是交出了财物。交给劫匪的钱财，本是用来给饿着肚子的妻子和孩子购买食物的。而现在，他们只得继续忍饥挨饿。这件事非常不幸，但是我们知道这位受害者对这笔钱原本的打算，因此不会把他视为失职的丈夫和父亲。

人身威胁不一定涉及犯罪活动，因为无法控制事态的发展情况而导致自己没法按照自己的意愿行事，这样的情况也同样存在。但是，这种情况可以称为"偶然"，因为这不是任何人恶意为之或粗心大意的结果。

盖尔和乔治亚在大学四年里一直是室友，是彼此最好的朋友。毕业那天，两人含泪告别，彼此郑重承诺，无论发生什么，都会参加对方的婚礼。几年后，住在加州的盖尔接到了乔治亚从明尼苏达州圣保罗打来的电话。乔治亚告知盖尔自己要举行婚礼，并问她是否会到场。"还用问吗？"盖尔说，"我们彼此承诺过呀，我无论如何也不会缺席。"盖尔在婚礼之前就买好了机票，但当她在出发当天到达机场时，却沮丧地发现直飞航班被取消了。经过一个小时无奈的讨价还价后，她终于坐上了飞往丹佛的航班，打算从那里买飞往双子城①的航班。但她的飞机刚在丹佛降落，一场暴风雪就从西北方向袭来，不到一个小时，所有的航班全部取消。风暴太过猛

---

① 指包括明尼阿波利斯和圣保罗在内的大都市区。

烈，害她在丹佛机场被困了整整两天，也错过了最要好的朋友的婚礼。

盖尔被迫做了一件与她的意愿背道而驰的事情：她本来想去圣保罗，却在丹佛被困了两天。这件事没有涉及暴力，也没有人蓄意用这种方式阻挠她的意愿。面对这样的经历，我们会长叹一口气，耸耸肩，说："唉，世事难料，这也是无可奈何的。"乔治亚因为盖尔错过了她的婚礼而遗憾，但绝不会因此责备她。

心理上的威胁比身体上的威胁要隐蔽，但其威力同样不可小觑。这是因为，就像我们在上文中罗琳女儿的绑架遭遇中看到的，心理的威胁也可以迫使人们做出在其他情况下想都不敢想的事情。只是因为担心女儿的生命安全，她便把一生的积蓄都交给了罪犯。她的确做出了行动，但这种行动并非在完全不受限的自由条件下做出的。在绑架和勒索的案例中，当事人的意愿受到了直接的压迫，如果不满足对方提出的要求，可能会产生可怕的后果。而对受害者的自由产生负面影响的，正是对于这些后果的恐惧。

意愿的自由还可能受到其他形式作用力的限制，这些限制虽然不算是最强硬的威胁，但某种情况下仍能带来有力的侵扰。极权政府或许会建立一套精心设计的宣传体系，试图塑造和指挥民众的思维方式，一旦洗脑成功，便会对民众的自愿行为产生影响。我们不妨回忆一下纳粹德国的历史。没有人会被迫相信宣传，无论这些理念是正面的还是负面的，更何况这些理念是如此荒谬，需要包装成彻头彻尾的谎言来宣扬。但是，如果民众长时间接触这种宣传，且很少或根本无法接触到其他信息，这种宣传便会逐渐对思想产生毒害作用，并使意愿迷失方向。在人们无法自由交换意见的环境中，在真理受到唯利是图的系统性操控之地，整个社会的道德氛围会受到污染，长此以往，公民便会频繁接收有毒信息，并对自己受到荼毒的实情浑然不知。

我们该如何看待诸如此类的广告宣传呢？将其称为心理威胁，会不会有些小题大做？毫无疑问，广告会影响我们的行为。如果不会，广告就不会形成如今这样庞大的产业。我们很容易相信，广告的背后并未隐藏着不正当的意图。广告影响了人们的意愿，这一点毋庸置疑，并且，广告影响人们意愿的手段可谓五花八门。广告要么对我们进行巧妙的引诱，要么干脆直接催促我们买这买那。只要能买到真正需要的东西，广告似乎没有什么明显的害处。但是，这种情况发生的概率又有多高呢？"消费者"是一个相当粗俗的头衔，暗示着人类存在于世的全部意义就在于吞食和消化，在一生中尽可能多地吞食世界上的商品。推动消费主义心态的，似乎是一种虚幻的妄想：不存在虚无的奢侈，一切都是真实的需求。把消费主义社会的奢靡浮华与世界上大多数人的实际经济状况进行对比，我们便不禁对公正提出尖锐的质疑。

我们可怜的意愿频繁承受着重压，被推来搡去，反复捶打，百般压榨。我们的意愿容易受到各种作用力的影响，有时，这些作用力也会通过各种方式公然胁迫、侵犯我们的自由。我们可能被驱使去做并不想做的事情，或是在做非常渴望的事情时受到阻碍。然而，我们的意愿虽然受到众多强制作用力的影响，其核心却是不可侵犯的。没错，我们可能被迫去做不想做的事，但是，世界上没有任何力量可以强迫我们自愿去做不想做的事情。这，才是自由的最后一道坚不可摧的堡垒。

第十八章

自由的可能性

"自由行为"是我们赋予自愿行为的另一个名字。这是因为，从实际来看，对于一种行为的道德评价可以归结为判断该行为应受赞扬还是谴责。很明显，受到评判的行为必须是自由的。如果某行为不是在自知和自愿的情况下完成的，也就是说，如果某行为不属于自由行为，那么，施加的赞扬或谴责便没有意义。在伦理学中，责任总会归结于行为者，即执行行动的人，而只有在此人自由执行行为的前提下，相关的行为才会受到相应的赞扬或谴责。没有自由，对于人的行为的道德评价就没有意义。没有自由，道德的概念本身失去了意义，伦理道德也无从谈起。

什么是自由？鉴于自由包含的维度之广，无法精确定义，但是话说回来，自由真的需要一个精确的定义吗？有些东西涉及的范围广泛而深刻，以至于试图通过任何有限的词语加以概括，都不可避免地会在表达上失之偏颇。"自由"就属于这一范畴。我们之所以不为无法精确定义自由这件事感到困扰，一个原因就在于，我们对这个概念拥有源于经验的直接认识。我们之所以了解自由，不是因为其可以定义，而是因为我们活在其中。

如果无法恰当地定义自由，我们至少可以表达一些有助于认识这一概念的信息。从最基本的意义上来说，如果一个人的行为不受任何限制，那么就可以说这个人是自由的。但是，这是对于自由的一种纯粹消极的理解。如果我被锁在地牢的石墙上，我的行动自由会受到极大的限制。由于身体受到的限制，我不能悠闲地走到书店，不能打电话给安斯加尔叔叔，不能玩拼字游戏，不能从事任何活动。我天生具有进行这些活动的潜力，却无法加以运用，因此从实际意义上讲，我的潜力是无效的，我的自由遭到了剥夺。通常，只有在自由被剥夺时，我们才会对自由的含义有最敏锐的认识。

但是，把人锁在地牢石墙上，并非限制一个人自由的唯一方法。利用恐惧的心理威胁，也可以阻止我们按照自己的意愿行事，或者强迫我们从事非自由选择的行为。在正常情况下，人们有权公开表达自己的想法，只要这种表达不侵犯他人的权利，当然，我们也赋予了言论自由特殊的价值。但是，极权社会营造的令人窒息的气氛，或是在其他方面较为自由的社会中针对言论自由采取极权主义的策略，会使得人们恐惧行使这种自由，从而使言论自由受到限制。

如果我们在发挥行动的潜力时没有遇到障碍，我们就是自由的。从更加积极的角度来看，之所以说我们是自由的，是因为：（1）我们是行动的源头；（2）我们可以自己决定这些行动的具体形式。"选择"这一行为，是自由最直观的表达。自由的选择意味着做出选择的人至少拥有两个选项，并以主导决定者的姿态在其中选择一种。

让我们把彼得置于选择的境地。他站在A和B面前，忐忑纠结，摇摆不定。他有权在两个选项中做出选择，并最终选择了A。他的选择是自由的，因为没有任何因素能够预先决定他会在这二者之中选择哪一个：无论是冥冥之中的注定还是基因中的编程，无论是孩童时如厕训练留下的烙印还是女朋友的喜好，甚至是卡拉狄加夫人前一晚上在水晶球里看到的答案。请注意我避免使用的说法：我并不是说，诸如此类的因素不会影响彼得的选择。我想说的是，这些因素都无法决定他的选择。做出决定的，是彼得本人。在彼得从A和B两个选项中做出选择之前，我们或许已经有了自己的猜测，每个人猜对的概率都是50%，但没有人能事先准确地预测出他的选择。不过，从某种程度来说，对于选择的结果，彼得本人也无法做出准确的预测。如果他事先知道自己要选A而不是B，那就表明选择已经做好，选择A的行为只是一种向他人表达的方式。只有在真正做出选择的时候，也就是行使意志执行这一行为时，我们才知道自己会做何选择。

在做出选择之前，没有任何因素能够起到决定作用，因为起到决定作用的是选择本身。通过选择A，彼得行使了他的自由，因为他做出了一个自由的选择。现在，这一选择已经成为历史。彼得怎能确定他的选择的确是自由的呢？为了验证这一点，彼得可以向自己提出一个尖锐的问题：事情是否可以朝着不同的方向发展呢？毫无疑问，他已经选择了A。但是，他是否能够选择B而不是A呢？有什么因素迫使他选择A吗？有什么因素阻止他选择B吗？如果对于这三个问题的诚实回答分别是"是""否"和"否"，那么，彼得就有足够的把握相信，自己对A的选择是自由的选择。

现在，让我们把A和B之间的选择放在一个道德的背景下审视。B代表欺骗某人，A代表诚实对待某人。这一次，思想实验的对象是娜塔莎。娜塔莎发现，她面对着这样一个抉择：要一点聪明的戏法，她便可以欺骗一位客户，从中大捞一笔油水。也就是说，如果选择B，她便有可能马上实现永久的财富自由。她对这件事冥思苦想，左右摇摆，最终……她选择了A。

我们松了一口气。干得好，娜塔莎！为什么我们会赞扬做出正确选择的人，而责怪做出错误选择的人？原因只有一个：我们坚信，这些人拥有真正的选择自由。人们可以自由选择行善，也可以出于同样自由选择作恶，因此，生活才既充满光明，又充满黑暗。再次重申，没有自由就没有伦理，也可以说，少了自由，伦理充其量不过是一种消遣的文字游戏，与填写一个已有答案的填字游戏无异。没有自由，道德哲学便会简化为纯粹描述性的社会学。

自古以来，就有哲学家等各路人士不知疲倦地致力于说服我们，人类得不到真正的自由，人类的自由只不过是一种空想，一种错觉。当听到这种观点时，大多数人都会感到困惑。一般人会说："既然我拥有这种持久而深刻的认知，这种长此以往的感觉——坚信自己是自由的，我怎么可能不自由呢？我的自由又不是推理出的理念，也不是辩论出的结论，而是实打实的体验。"听到这话，哲学家会傲慢一笑，清清嗓子说："啊，好吧，没错，你的确感觉自己是自由的。我们都有那种感觉，可你不明白吗，这只是一种错觉。实际上，我们并不自由。"

因此，根据这位哲学家的观点，人类的自由只是一种幻觉。（也可以说，这是人类普遍的一种用词不当。）这是一个有趣的说法。但是，即使按照最宽松的标准，这种说法也从未得到任何证据的支撑。这是一个虚假的结论，没有任何前提的支持。一言以蔽之，这位哲学家没有证据可以证明，人类的自由真的是一种幻觉。他只是大胆做出了这样的论断，希望博得人们的关注，只因为他在"耶佛王子大学"高等心理学和社会学研究系任职，是大名鼎鼎的考德威尔荣誉"蛋头"教授。①

但是，我们该如何看待相反的立场呢？也就是说，从本质而言，按照对"证明"一词严格的逻辑理解，自由是可以被证明的吗？答案是不可以。那么，我们应该为此而担心吗？答案是不应该。我们不应为无法证明且不证自明的东西而担心。大街上的普通人都对自由有着直观的认识，在这个话题上，他们要比哲学家聪明得多。

---

① 学校和人名均为幽默虚构，"耶佛"由耶鲁大学与哈佛大学合并而成；"蛋头"出自一个卡通人物"蛋头先生"。

相对于意志自由，哲学家认为严格意义上的决定论[①]才是正解。这本小书并不适合展开关于自由与决定论的冗长论述，但我想至少提出一点看法。我把这当作一个谜题，留给各位读者在闲暇时思考。如果说，包括我们的思考方式在内，我们能想象到的所有方式，都早已被决定好，那么，为什么我们中的一些人坚信是自己做的决定，而另一些人则截然不同呢？如果一切果真都是被决定好的，那么，决定论本身的真伪也就无从判断了。没有人能够把自己从决定论的牢笼中解放出来，用由此获得的非决定论的特殊视角来判断这个牢笼本身是否真实。

---

① 由19世纪初法国科学家拉普拉斯提出，与非决定论相对，认为人的一切活动，都由先前的因素导致，因此是可以预测的。

第十九章
理性

理性的行为，就是合乎道德的行为。这种说法可能会让一些人感到惊讶。近年来，我们被灌输了这样一种观念：道德更多地与心灵有关而不是与头脑有关，与感情有关而不是与思想有关。但伦理和逻辑并非两个隔海相望的遥远国度，而是彼此相连的邻国，任车流、人流自由进出两国边界。

所谓有道德，就是成为最充分和本质意义上的人，对于这一点，我们已经进行了大量的强调。对人的一个经典定义，即"人类是一种理性的动物"——和许多理念一样，这一理念也要归功于亚里士多德。理性是我们人类本性的显著标志，因此，作为伦理学目标的"成为真正的人"，就等于要求人变得理性，遵循理性的要求生活。

坚持做正确的事，避免做错误的事，这并非撞大运带来的结果，而是经过深思熟虑后决定的。我们必须运用我们的头脑，调动起理性，才能拥有道德的良善。当然，我们也可以用自己的理性去追求邪恶，收获令人毛骨悚然的恶果。然而，这种对于理性的利用实际上是一种滥用，等于对人类本性的背叛，因为，本来为善服务的东西遭到了扭曲，用在了与善相反的用途上。这就像是对锤子的滥用，拿着原本用来建设的工具搞破坏一样。

在政治和经济的论述中，存在着有效论证和无效论证，同样，在伦理学的论述中，论证也有有效和无效之分。想要区分这二者，就要动用逻辑。在这个节骨眼上，我们不妨通过两个简单的问题来温习一些基本的逻辑学知识：（1）什么是论证？（2）有效论证和无效论证的区别是什么？

就其基本结构而言，论证是简明扼要的化身。每个论证都由前提和结论两部分组成。无论一个论证在内容上多么繁杂，都可以分解为这两个基本部分加以分析。（通常来说，让论证变得复杂的因素是其中可能包含的大量前提，以及这些前提之间复杂的关联。）前提和结论的关系，就像提供支持的证据和被支持的论点一样。结论是论证意在让人相信的陈述，而前提则是支持结论真实性的证据。

鲍比是一位杰出的运动员。

他在奥运会上赢得了四枚金牌。

非常明显，上文是一句论证，因为其中只包含了一个前提，且不含有任何明显的逻辑语言。以上文为例，该论证以结论打头，之后才出现前提。在第二个陈述为真的基础上，第一个陈述也为真。

有效论证和无效论证的区别是什么？一个有效论证的前提可为其结论提供有力的支持。该前提所含的证据令人信服，因此能够说服我们相信结论。从这个角度而言，上文关于鲍比的论证是合理的。如果鲍比真的赢得了四枚奥运金牌，这就为他是一名杰出运动员的说法提供了相当有力的证据。

在日常生活中，我们所做的大多数具有重大道德意义的选择往往是习惯使然，因此，想要确定具体情况下的正确选择，通常无须进行大量的思考。面对陌生的情况或难以抉择的选项时，我们往往找不到现成的简单答案，因此需要进行精心的道德推理。然而，即使在我们日常的道德选择之中，也包含着或清晰或隐含的道德推理。我们已经对这种推理驾轻就熟，因此能够快速而自信地做出选择。这时，我们没有必要一步步地对问题进行拆解分析。我们对于某些伦理原则早已深谙于心，且将之奉为日常道德推理中永久的固定模式。

伦理推理的关键步骤，是将一般性原则应用于具体情况，为眼下的行为设置规则。然而，这并不意味着这种推理模式是伦理学所独有的。这种模式的运用范围非常普遍，甚至可用于日常生活场景。棒球二垒裁判宣布比赛中止时，运用的也是这套推理模式。伦理学中最普遍的原则，即所有其他原则的基础是：善是应当去做的，恶是应当避免的。没有什么要比这更简单明了，很难想象会有人对这一原则提出异议。

但是，这一原则过于宽泛，正如前文所说，它在实际应用中会带来难以逾越的问题。我们必须快速从最为宽泛的原则中总结出较为具体的原则，从而便于实际应用。面对每一种特定的情况，我们都需要具体界定这种情况下何谓"应当去行的善"。举一个例子：私有财产应该受到尊重。尊重私有财产显然是一件好事，但如果我们对这一原则做出具体的解释，表示"偷窃是错误的"，那么，这一原则的关注点就会更加清晰。这样的表述简单易懂、直截了当，不会被任何人误解，因此为我们的行为提供了明确的指导。诸如"偷窃是错误的"之类的一般性原则，是"实践三段论"的出发点。以这一作为"大前提"的原则为出发点，论证流程如下：

　　大前提：偷窃是错误的。

　　小前提：偷偷从办公室买咖啡的小金库中取出20美元，打算把这笔钱留作私用，是一种偷窃行为。

　　结论：因此，这种行为是不被允许的。

这个论证以一个不言而喻的道德原则作为起点。被称为"小前提"的第二个前提是论证的核心，因为这个前提将某个特殊行为视为一个实例，即大前提中陈述为错误的行为。如此一来，一般性原则便应用到了具体实例之中。这一论证是否合理，取决于小前提进行的识别是否准确。而强调这一论证实用性的，是论证出的结论。结论不仅为我们提供了信息，还给了我们一个非常明确的指示。

再次重申，道德推理的关键步骤是将一般性原则应用于特殊情况，这涉及为实践三段论提供可靠的小前提。然而，被称为"大前提"的论证的出发点也必须是合理的。作为三段论的开始，我们可以先对偷窃进行定义：在未经他人知情或许可的情况下拿走属于他人的东西。这是一个合理的大前提吗？其中涵盖了我们能想到的所有情况吗？我们稍加思考就会发现，在某些情况下，未经他人知情或允许而擅自拿走他人的财产，并不一定会被视为偷窃。举个例子来说：一天深夜，乔治回到家，发现他的车库着火了。他估计，当消防队赶到现场时，火势可能已经变得更严重。这时，他突然想起邻居弗雷德的车库里有一台工业用灭火器。无奈弗雷德和妻子外出度假去了。于是，乔治冲到弗雷德的车库前，破门而入，拿起灭火器冲回自己的车库。最后，火被成功扑灭，只造成了轻微损失。我们应该指控乔治偷窃吗？答案是不应该。弗雷德夫妇度假一回来，乔治便把自己的所作所为告诉了二人，支付了灭火器的相关费用，并赔偿了破门而入时对弗雷德家的车库造成的损坏。

第二十章

平衡的生活

　　无论是做得太过还是做得不够，极端的行为对于所有人来说都有危害。看起来，极端行为似乎对极端主义者本身有利，但这种利益只是假象，而且往往是稍纵即逝的。从长远来看，极端主义者自己才是其失衡行为方式的最大受害者。无论是太过向左舷倾斜还是太过向右舷倾斜，都可能导致船只最终沉没。那些不得不忍受他人极端行为的人并不轻松，因为他们必须不断预测极端主义者下一个不稳定的举动，为避免损失做出调整。极端的行为不受理性的支配，所以往往没有规矩可循，是不可预测的。

　　我们每个人都应该努力创造一种稳定的行为模式。说到底，平衡的生活需要建立在平衡的行为之上。我们知道，每个行为都出于某个目的，然而，目的的质量也至关重要。莱斯利计划抢劫一家银行，并以炉火纯青的技术执行了这一计划。这并不奇怪，因为莱斯利是一位经验丰富的强盗。结果，他成功地实现了自己的目标，为自己增加了20万美元的资产。大获成功后，他前往墨西哥坎昆庆祝。只有从纯粹实用的角度来看，莱斯利的行为才能被视为一种成功，因为该行为达到了他的目的。但从道德的角度来看，我们不会认为这种行为是成功的，而是会毫不犹豫地将其归为彻头彻尾的坏事。之所以这样，是因为该行为的结局是坏与恶的。行为的关键在于其目的，因此，行为是否符合道德是由行为的目的决定的。

失衡的行为之所以存在缺陷，在于程度或过分或不足。想要达成某些本身相当值得完成的事情，需要遵照一定的行为方式，但失衡的行为却在这种行为方式上要么超出，要么不足。莱斯利的行为指向坏与恶的目的，因此就本质而言趋向极端。任何指向达到邪恶目的的行为，都属于极端的行为。但是，在意图实现一个完全值得尊敬的目标时，人们也可能选择明显适得其反的方式。在这种情况下，做得过分或不足，意味着通过错误的方式达成有价值的目标。

以玛丽戈尔德和贝弗利这两位高中教师为例，她们都是希尔格高中的教员。即使委婉来说，这也是一所学术地位站不住脚的学校，学生对学习无甚热爱。在希尔格高中，纪律是一个老大难的问题。玛丽戈尔德和贝弗利都非常重视课堂纪律，而且都坚信，少了纪律就无法实现有效的教学，没有有效的教学，学习就无从谈起。因此在她们眼中，纪律和学习指向同一个目的，这也是每一位好老师都渴望实现的目的。但对于实现这一目的的具体做法，两人有着截然不同的想法。

玛丽戈尔德是一位娴静端庄的年轻女士，在伯克利大学以优异的成绩获得数学专业的学位。她对数学抱着巨大的热情，其中还掺杂着一些神秘主义色彩。她坚信，一旦引导学生们看到数学的纯粹之美和权威理性，他们就会像她一样彻底迷恋上这门学科。更重要的是，这将成为他们人生的转折点。她天真地相信，在数学的魅力下，大多数纪律问题都能不攻自破，或者更确切地说，这些问题会被数学攻破。遇到必须直面纪律问题的情况，她选择以冷静而理性的方式加以处理。她会和学生们讲道理，让学生们逐渐意识到，他们在课堂上的任何不当行为都会产生不好的后果。在她的教学方法中，很难看到惩罚的影子。

玛丽戈尔德的方法并没有取得成功。她诚心诚意地向学生们传达数学的美和益处，但这些心血换来的只是充耳不闻和三心二意，这是因为她的教室里总是骚乱不断。在需要直面纪律问题时，她试图通过理性的谈话来解决。然而，她好言相劝的频率越来越高，换来的却是学生们的不明就里和无动于衷。最终，尽管玛丽戈尔德怀揣着毋庸置疑的真诚和良好的意愿，却未能在课堂上建立起"纪律"这一有效教学的前提条件，她的学生也几乎没有学到任何数学知识。

贝弗利是一名英语老师。无论从哪个方面来说，她都与玛丽戈尔德截然不同。她是个身材高大的女人，净身高足有一米九，一头金发，雷厉风行，盛气凌人。她毕业于密歇根州立大学，在篮球和田径比赛中屡屡获奖，还在大四时担任过篮球队队长。她还是一名高中生的时候就摘得了空手道黑带。贝弗利对于课堂纪律的哲学简单明了：只有铁腕统治才是正道。老师就是老大，从她走进教室的第一天起，就必须建立彻底而绝对的控制。对于任何学生，哪怕只是稍微不守规矩，都必须进行严肃处理。

贝弗利充分实践着自己的教学理论。学期刚开始的时候，有一次，坐在后排的一个孩子想要考验考验她。趁她在黑板前解释一个关系从句时，他开始故意捣乱。于是，她把粉笔扔在地板上，大步走到那个学生面前，让他站起来，他照做了。这名学生身材魁梧，即便是她也得抬头仰视，但她还是把对方骂了个狗血喷头。一位英语老师竟会用如此严厉的语言斥责学生，这是教室里的学生们闻所未闻的。在这番训斥的过程中，学生一时气不过，轻轻地推了一下她的肩膀。但眨眼之间，他便已经跪在地上，头被紧紧压在护壁板上。这样僵持了几秒钟后，贝弗利猛地把他拉起来，拖曳到门口，结结实实地把他扔出了教室。然后，她轻轻地关上门，回到黑板前，风平浪静地继续讲解关系从句。这一次，全班同学都竖起耳朵，认真听讲。

贝弗利没有为分数通胀①贡献任何力量。但凡她给学生们定期布置的任务，学生们能得到"C"②就已经谢天谢地。她对学生作文的评价往往细致入微，其中不乏尖刻否定，并频繁指责他们在语言上的无能。贝弗利认为自己是一位优秀的老师，能在教室里保持应有的严肃气氛。然而，她所谓的纪律莫过于一种恐怖统治。她恐吓所

① 主要发生在英国和美国，指老师向学生颁授比实际水平更高的成绩及等级，导致学生的平均成绩呈逐年上升的趋势。
② 在百分制中，约等于刚过及格线的成绩。

有的学生，也着实给相当一部分人留下了阴影。而这些恐吓，对学生的表现产生了不利影响。她严重打击了学生们对本就欠缺的能力的自信，以至于无论在她带的哪个班里，最多只有三名学生的写作技巧得到了明显的提高。与其说这是她带来的积极影响，不如说是这几名学生懂得如何保护自己免受她的影响。

玛丽戈尔德和贝弗利都想要努力达到同样的目的：营造一个能够有效教学的课堂环境。然而，两人都没能射中目标：玛丽戈尔德射得太近，而贝弗利则射得太远。玛丽戈尔德没有意识到，想要维持高中课堂纪律，老师必须发挥积极主动的作用，偶尔也需要坚定果断。而贝弗利则没有看清，纪律的目的是引导学生的干劲，而不是一味地打击他们。

第二十一章
专心致志

　　善良的好人，或者说过着伦理生活的人，是难以定义的。我们虽然能在看见他们的时候辨认出来，却无法用精确的术语加以界定。那么，他们身上到底有什么特质，让我们认为他们是善良的人呢？是什么特质让这些人脱颖而出，在大多数人甘愿陷入碌碌无为、模棱两可的窠臼时，为我们树立了另一种振奋人心的榜样？首先，无论身处怎样的社会环境，善良的人似乎总会以一种洞若观火的方式，真正感知周边环境。即便遇到最出乎意料或最离奇古怪的事件，这些人也很少会猝不及防。这一切，似乎都可以归结到注意力上。非凡的专注能力，是善良的人最显著的特质。

　　注意力是伦理生活的一大支柱。我想，我们所有人都会承认注意力的重要性。我们对于"专注"的重视很能说明问题。我们会认真嘱咐自己，无论做什么事都必须专心致志、一心一意、集中注意力。因为如果不这样做，我们便会与目标失之交臂。集中注意力、专心致志，这两个词语反映了同一种十分重要的精神状态。

"集中注意力！"这句话通常作为祈使句发出，尤其针对孩子。"吉米！"小学三年级的老师马米恩小姐告诫道，"你给我集中精力！"这句祈使之所以能说明问题，是因为它展示了注意力的本质：注意力是有代价的，是需要付出努力才能"集中"的。在这种特殊精神状态中，没有什么是自动自发的，也没有什么是"自然"的，伦理生活所要求的注意力尤为如此。这是因为，我们需要集中注意力关注的事情，通常并不会吸引我们的注意力。这些事物或许的确需要我们注意，但我们充耳不闻。如果有人在我的椅子后面放鞭炮，一定会立即引起我的注意。但一旦刺鼻的烟雾散去，我的心跳恢复了正常的节奏，我就会继续看书。巨大的噪声可以暂时吸引我们的注意力，但一旦发现噪声背后没有有趣易懂的内容，我们便会迅速收回注意力。

　　在我们生活的时代中，充满了令人分心的诱惑。电子时代把我们淹没在一个巨大而动荡的海洋中，满是五花八门、惹人心痒的刺激。诱惑无处不在且无尽无休，如果我们不加选择地接触这些诱惑，便会一直处于一种近乎微醺的兴奋状态，而这，与集中精力所需的状态南辕北辙。专注是一种意识状态，具有指向性、选择性、持续性和吸收性。在各种感官刺激的轰炸下，想把注意力集中在特定事物上并维持这种状态非常困难，甚至不可能做到。在通常情况下，我们甚至不必主动做出选择，选择就已经主动出现了。在经历了某事之后，阿尔伯特可以仅凭记忆分享关于这段经历的有效信息，这便是他集中注意力的证据。正是由于阿尔伯特对于这件事有意而持续的关注，他的大脑才能尽职尽责地将这段经历记录下来。这个流程之所以能够发生，首先在于阿尔伯特有能力将注意力集中在这件事上，即有选择地将其与其他感观区分开来。

集中注意力能够营造一种适当的心理氛围，有助于某种心理活动的发生，也是该活动取得成功的必要条件。正是由于持续的关注，行为才能达到所指向的目的。在解决一道数学题时，我们心理活动要达到的目的便是解决这个问题。持续注意直到心理活动的目的成功实现，这是注意力的时间方面。除此之外，注意力还涉及强度因素。如果我们试图解决的数学问题特别困难，你不仅要坚持下去，还要保持注意力的高度集中。也就是说，你必须"密切"关注这个问题。

注意力带有某种防御因素，这也是注意力要求我们付出的一部分代价。生活在这样一个令人分心的世界，面对着那么多不值得我们关注的喧嚣，我们有时不得不努力坚守，击退所有企图入侵精神领域的废话。也就是说，我们必须时刻保持警惕。潜在的入侵者有时会骚扰挑衅，需要我们采取极端的防御措施，比如把电视从家里扔出去，或是远离让人眼花缭乱的互联网内容。

回到三年级老师马米恩小姐的例子，就是那位时常告诫吉米集中注意力的老师。或许，她的告诫是多余的，吉米很可能已经用了心，只是没有把注意力放在该关注的事情上。训练自己集中注意力的确重要，但这只是任务的一半。任务的另一半，则是选对关注的对象，也就是值得我们关注的事情。

从伦理学的观点来看，值得我们注意的主要对象可以分为三类："自我""他者"和"超我"。

第二十二章

关注自我

　　伦理学符合人们对于"学科"一词的传统理解，因此，虽然在现代人听来或许有些奇怪，但的确可以被定义为一门学科。根据传统定义，学科是一种有组织的思想体系，以第一原理作为基础，力求找出研究对象的原因。从学科地位而言，伦理学可以被定义为一门实用学科，也就是说，我们学习伦理学不仅仅是为了了解某些事情，更是为了将我们的认知应用到现实生活的场景中。例如，我们想要了解公正的本质，以便公正地行事。伦理理论知识的目的不仅在于塑造我们的思想，还在于塑造我们的行为。（不妨回忆实践三段论。）真正"懂得"高尔夫的人，是那些球技了得的人；同理，真正"懂得"伦理的人，是那些行事合乎伦理的人。

　　鉴于伦理学的实用性，其深入研究对我们提出了特殊的要求，这是因为，研究的主要目的，就是尝试在伦理原则和生活方式之间建立一种和谐的关系。这一点，必然要引出人的行为的一些重大调整。作为习惯导向的生物，大多数人都甘愿维持自己一如既往的做事方式，囿于我们早已熟悉甚至过于熟悉的模式之中。

伦理学设计革新，就是对我们行为模式的重新塑造，因此具有实践倾向。大多数人都会欣然承认人的行为需要革新，但我们想到的通常是他人的行为。我们或许会沾沾自喜地认为自己很优秀，但对隔壁邻居就不那么确定了。然而，这种飘忽不定的焦点转移，是伦理学所不容许的。所考虑的行为必须属于我们自己，自我必须是我们关注的第一焦点。

"认识你自己"，这是刻在古希腊德尔斐神庙入口的一句引人注目的话。这句话的祈使性质表明，古代希腊人并不认为真正的自我认知是自然或轻易就能获得的。作为理性的动物，我们有能力透彻理解诸多不同的事物。然而，这并不意味着我们一定会对自己有足够的认知。当然，在对于自己的认识上，我们也并非处于完全无知的状态，仿佛自我是一个完全未知的领域。我们可以对自我有所了解，但这种了解或许并不可靠，甚至可能严重扭曲。

但是，我们怎么可能对自己一无所知呢？当认知的主体和客体合二为一时，还可能存在严重的认知障碍吗？对于认知客体的接近，通常会为认知主体带来可观的优势，推动获取关于该客体的可靠信息。当涉及自我认知时，这一点就不一定成立了。这时，对于客体的接近和熟悉反倒会引起特殊的难题。这是因为，对于客体的亲近会模糊我们的视线，且对于客体的熟知并不能保证可靠的了解。不妨说，想要拓宽视野，对自己具有更清晰的认识，我们需要与自己保持距离。

之所以对自我的认识不够清晰，主要原因在于我们倾向于用孤立主义的观点来看待自己。也就是说，关于自我与他人如何不可分割地联系在一起，以及这种关系如何成为深入自我的关键，对于关系这一关键因素，我们要么完全忽略，要么没有充分认识。换句话说，对于"我"与"非我"之间密不可分的联系，抑或，用恰当的人称代词来说，对于"我"与"你"之间密不可分的联系，我们往往缺乏充分的意识。

想要摒除"自我认知绝对可靠"这种错觉，最快且更有效的方法，莫过于把我们对自己的评价与一个关心我们最大利益的朋友的评价相比较。自己持镜时，我们总有办法调整角度，映射出讨人喜欢的形象。我们在镜中看到的，是我们心中可爱的自己。但是，在我们的自我印象与朋友对我们的印象之间，可能存在着触目惊心的脱节。我们的第一反应可能是拒绝朋友对自己的评价，但如果我们足够明智，便会仔细倾听和考虑。再次重申，这里有一个很重要的前提，即说话的人是真正的朋友，也就是亚里士多德在《尼各马可伦理学》中提到的那种朋友。我们可以在《便西拉智训》①中读到："忠实的朋友，是无价之宝，他的高贵无法衡量。"

---

① 《便西拉智训》也称《西拉书》或《德训篇》，约成书于公元前180年到公元前175年。

阿贾克斯相信自己是个诗人，而且是一个与众不同的诗人，一个注定有一天能跻身历史上最伟大诗圣之列的诗人。然而，同意这种观点的只有他的母亲和他的女友，而且，她们的观点都不能保证完全不掺杂个人感情。最有资格对这个问题做出可靠判断的人，也就是那些熟悉阿贾克斯及其作品的真正的诗人，他们非常笃定：作为一位诗人，阿贾克斯的作品存在严重缺陷，而且这种缺陷大概率是无法补救的。阿贾克斯对于这些真正的诗人的意见充耳不闻，或不假思索地一口否认。他告诉自己，出于他的天才，只有他才有资格评估自己的艺术价值。

我们在这里所关注的，仅限于所谓的阿贾克斯的艺术自我，因此也仅限于他对自己作为诗人的认知。想要成为一名诗人的他，如果不愿接受那些最有资格在此领域给他指导的人的意见，又怎么可能真正认识自己呢？他必须摆脱自欺欺人的自我评估，虚心接受那些经验丰富的人对于他作为诗人的价值提出的真诚意见。这个过程无疑是痛苦的，但话说到底，承认并学会与真相共处，对他来说是有益的。阿贾克斯的处境与我们的处境没有什么不同，只不过我们所面临的不是诗人的身份，而仅仅是人的身份。

一些人会通过合理化来掩盖自我，事实证明，这是一种最有效的自欺欺人的手段。推理的合理目的是得出真理，虽然合理化是一种推理，却无法让我们得出真理。我们可以说，合理化就是对自己撒谎，可就像所有形式的撒谎一样，其中也存在着一种精心谋划的表里不一。我们能够得出有关自我行为及行动动机的评价，在意识的某个层面，我们向自己保证这种评价是完全可靠的，但在更深的层面，我们却自知这种评价是错误的。合理化的成功，取决于我们是否有能力关闭来自意识更深层次的声音。

认识你自己。有没有什么系统性的有益的方法，可以帮助我们有效履行这一严苛的要求？能不能找到一种简单的公式，靠遵循这个公式来获取健全的伦理生活所依赖的自我认知？很遗憾，这种公式是不存在的。虽然如此，有两点泛论或许会对我们有所帮助。

我们需要认识到宁静的重要性。这里所指的，是内心的宁静。内心的宁静至关重要，但如果不具备一定程度来自外部的宁静，内心的宁静便不可能实现。我们必须定期采取措施，将自己从世界上无处不在的喧嚣中抽离出来。宁静的目的是营造出　种氛围，以便进行一些有效的自我反省。多年以来，我们通过合理化成功积累了种种逃避和托词。如果我们缺乏足够的自我认知，那往往是因为，我们很少对自己提出问题，而这些问题有助于剥去我们多年来成功的合理化所形成的层层回避和伪装。那么，我们应该对自己提出怎样的问题呢？这些问题探索的应该是我们做事的动机，且这些问题必须是持久、尖锐、有穿透力的，旨在挖掘出我们行为最深层的动机。有的时候，这样的自我质疑的确会令人不适，但这是我们不得不采取的措施。

充分的自我认知对于伦理生活至关重要，不应被想象成一劳永逸的事情。就像许多与道德革新相关的事物一样，自我认知也是一个持续的过程。我们永远不可能完全了解自己，因为在很多方面，我们自身都是不完整的。我们试图认识的自我，从某种意义上说，是一个无论好坏都在不断塑造中的自我。也就是说，我们必须保持稳定的步伐，才能跟上自我的变化。我们的自我认知必须不断更新。

第二十三章

关注他人

我们能够毫不费力地关注自我，却不太可能产生有效的自我认知。这种自我关注是自动、自发的，拥有与意识本身一样的不间断性。每个人都会在脑中把自己放在舞台的中央，置于聚光灯的焦点下。这种自我意识虽然鲜活，但往往非常肤浅。在肤浅这一点上，这种自我关注与许多人习惯给予他人的关注具有相似性。

对他人的认真关注，也就是真正能够触及对方的关注，并不那么容易。除了那些不幸处于异常麻木状态的人之外，我们永远不会对周围的人完全视而不见，尤其是那些与我们有交集的人。但是，如果停下来仔细观察大多数人对他人的感知，我们便会注意到，其中含有一种明显的自我指涉性质。贾斯帕在未婚妻克洛蒂尔德身上最常注意到的特质，会揭示出更多关于贾斯帕而不是克洛蒂尔德的信息。在激烈竞争的氛围中，我们对他人的关注大概率是出于自我保护的狭隘认知。这是因为，我们担心对方可能会通过某种方式超越我们，或者贸然侵入我们的地盘。

给予自己能够产生有效自我认知的关注，这一点已经困难重重，相比之下，给予他人适当的关注更是难上加难。然而，这却是伦理生活中不可或缺的一部分。诉讼程序中有不能违反的固定秩序。同理，在对他人给予适当的关注之前，我们必须先给予自己适当的关注。如果我们连自己都不能真正了解，就妄想着能够充分了解他人，未免太过天真。

　　一个很能说明问题的实例在于，我们虽然善于找出别人身上的缺点，但当我们自己也被这些缺点所扰时，却可能由于缺乏自我认知而完全视而不见。最极端的情况是，我们会干脆把自己的缺点投射到他人身上，而别人或许根本没有这些缺点，抑或至少没有我们想象的那么严重。诚然，我们可以认识到别人真正的缺点，但是，自我认知的匮乏会让我们不可避免地夸大他人的缺点，将轻微的过失上升到死刑级别。由此，对于自己的无知，便成了对于他人的无知的根源。

　　假设我们已经成功对自己给予了适当的关注，那么，对于他人的适当关注包括什么呢？这种关注的前提和结果，都是承认每一个"他人"都是不可侵犯的重要的人，而绝不是可有可无的东西。人格必然包含独特性。我们所有人都拥有同样的天性，也就是人性；你是人，我也是人。然而，我们并不共享人格。你的人格是你的，而且只属于你，我们每个人都是如此。作为个人，我们是独一无二的，不可复制的。如果我们能够对彼此这一关键信息给予应有的承认，就等于对彼此给予了适当的关注。也就是说，我们正确地意识到了人格，以及其中所蕴含的一切。

人格是一种存在的现实，它存在于此，要么被认可和承认，要么被忽视。人格不是我们赋予别人的某种地位。不难理解，选择忽视或有效否认他人的人格，会对其产生消极的影响。关于诗人威廉·华兹华斯所谓"人与人之间的冷酷"，有许多令人扼腕的例子，这些都可以追溯到对人格的否认。但是，否认他人人格的人，也要付出沉重的代价。不把别人看作人、诋毁他人的人，同时也是在诋毁自己。奴隶主的行为和心态贬低了奴隶的人性，但与此同时也使自己的人性受到了贬低。

随着对于人格的承认，对人的无条件尊重也会自然而然地随之产生，这种尊重的基础无他，单纯只是意识到人之为人。我们只是在承认一个基本现实而已，不需要更深一层的信息，也无须提供额外的凭据。对人的尊重是最基础的，支撑着我们对他人的所有其他反应。对一个人心存适当的尊重，并不要求我们一定要喜欢这个人，但在形式上也排除了怨恨这个人的可能性，这是因为，怨恨的本质就是人格解体。喜欢或不喜欢他人是一件主观的事情，其根源往往涉及我们无法控制的性格因素。我们可以爱一个人，与此同时不是很喜欢他，二者并不矛盾。

我们受到的教育告诉我们"要爱人如己"①，哲学家西蒙娜·薇依对这条指令进行了深入的思考。我们为什么要爱人如己？是什么

---

① 出自《圣经·旧约》的《利未记》。

让我们必须爱他人？对于这个问题，薇依给出了一种颇具争议性的回答：仅仅是因为他人的存在。我们应该爱人，仅仅因为他人就在我们身边，因为他人是真实存在的。这种心态，也完美地表达了对于人格无条件的认可。

第二十四章

关注超我①

　　一种纯粹的自然主义伦理学，是一门完全以人类视角解释人的行为的伦理学。一种纯粹的超自然主义伦理学，无法给予人性这一要素应有的重视。我将这本书中概述的伦理学称为"完全人类伦理学"，这种伦理学将注意力集中在人身上，把人看作一个更大现实的组成部分，人与这个现实之间的关系，使得我们能够理解人之为人这一事实。这种伦理学不仅承认了超我的现实，即超越和优于人类的自我，也将这种自我视为哲学不可忽视的一部分。

　　我们是无可救药的比较型思考者，在比较任何两个事物时，只要仔细观察，我们总能察觉到其间的细微差别，很少会认为二者完全相同。这种差异可能是精确量化的，比如一件东西比另一件重3.2克；或者，这种差异可能无法进行精确的区分，于是我们便有了"甲比乙更好"或"甲比乙更漂亮"这样的表达方式。

---

① 哲学概念，指人格结构中的道德良心和自我理想部分。

弗雷迪正面临着一个重大的决定，他必须在两个透亮的红富士苹果之间做出选择，看看把哪个作为下午的点心。经过仔细观察，他发现其中的一个苹果有伤痕。从这个具体的方面来看，这两个苹果变得不同起来。对于弗雷迪来说，这个发现使得未碰伤的苹果成了更好的选择，它就成了他的点心。

好，更好，最好：通过这三个关键的术语，我们为自己的比较思维方式提供了一个总体框架。在这三个术语中，"最好"最有可能揭示最为深刻的本体论真理。通过使用这些术语，我们达成了两个目的：首先，从基本的角度来说，我们对使用这些术语的对象表现出了积极的反应；其次，我们也是在承认，好是有程度的，分为好、更好和最好三种。然而，这三个非常宽泛的术语，并不能完整表达出我们爱和渴望的对象到底有多好。在某些情况下，好的实例五花八门，所表现出的好的程度也无法计数，这时，我们便要面对一种复杂的好的等级结构。在每一个等级的顶端闪烁着独一无二的耀眼光芒的，都是该等级之中的"最好"。

我们所说的"最好"，是什么意思？如果试图以一种纯粹抽象的方式来诠释这个概念，我们能做的，最多是提供这个概念的同义词。到头来，我们只能解释说："好吧，所谓最好的，就是最棒的、最大的、顶点、巅峰、首要的、最伟大的、最优秀的、最重要的、无与伦比的、无可匹敌的、登峰造极的、最高级的、极限的、至高无上的……"在此，我就不继续多言了。这种纯靠语言的方式，只能起到有限的作用。想要最有效地把握"最好"这一概念试图向我们揭示的意义，方法应该是将这个概念应用于特定的对象，实际上，这也符合我们的习惯。"这是我一生中看过的最好的足球比赛。""这是这次比赛收到的最好的文章。""贝丝人最好了。"

想要理解"最好"的概念，我们必须通过具体的方式思考，并首先提出"在什么范围内算最好？"的问题。我们可以拿苹果这样朴实无华的东西来举例。苹果是一个非常大的类别，鉴于苹果种类繁多，我们将这个类别缩小，只考虑富士苹果。在比较两个富士苹果时，就像上文弗雷迪所做的那样，我们也可以凭借我们选择的标准，毫不费力地指出其中一个好过另外一个。但是，如果我们面前是满满一篮的富士苹果，要从中选出最好的一个，这件事就具有挑战性了。我们接受了挑战。经过长时间的反复检查和思考，我们最终选出了这篮富士苹果中最好的一个。

假设我们有可能从一筐苹果中挑选出最好的苹果，我们能不能说，最好的富士苹果是存在的，也就是说，比现在或曾经存在过的任何富士苹果都要优秀的富士苹果是存在的？让我们想象这样一个富士苹果，它就摆在我们面前的桌子上，红润光滑，完美得无可挑剔。但是，这个顶尖的富士苹果是如何挑选出来的呢？这一挑选过程，涉及那些挑选出这个最理想富士苹果的人的想法，他们认为，这就是这一品种的富士苹果中最完美和最完整的存在。这个理想的富士苹果超越了所有富士苹果，具有统领一切的地位，因为这是评估所有富士苹果的永恒标准。

无论面对的是苹果还是橘子，抑或其他任何我们指定为"最好"的东西，在加以评判时，我们所诉诸的都是理想的存在，比如理想的足球比赛、理想的文章，以及理想的人。每当我们面对需要评价的对象时，心灵自然会飞到高处，为这个对象想象出一种至高无上的存在方式，并以这种理想作为评价的指导标准。

　　理想在伦理学中具有主导作用。在我们所做的伦理选择中，在追求我们认为能对我们起到完善作用的好与善时，驱使我们前进的总是对于最好的理想，一种我们可以合理称为"超越"的理想，因为它似乎总能超出"最好"的具体实例。这就解释了我们为何永远不完全满足于任何可能拥有的好与善，不管这好与善有多么突出。因为在我们眼中，它们与理想的好与善并不完全符合。理想之所以超越其他，是因为理想在任何比较中都可以脱颖而出。如果我满怀热情地宣称："这是我一生中看过的最好的一场足球比赛。"这并不一定意味着真正的理想。如果我在下个赛季看到一场更好的比赛，甚至比之前的"最好"还要好，那么正是对于"理想"的参照让我做出了这一判断。

　　最好、终极、终局、幸福、至善，这些都是同一事物的不同说法，这些是我们人人都想得到的，是我们情不自禁想得到的。它们让我们魂牵梦萦。我用"理想"来形容"最好"，这是否意味着，"最好"并不是真实存在的？对于我们习惯称为"真实"的事物，有没有什么可用来定性的标志呢？真实的事物应该鼓励我们实现具有完善效果的目标，这样的理念难道不该激励我们，促进我们拿出行动、理性行事吗？至善正是用这种方式驱动我们的。我们所追求的每一种有限之善，无论它多么微不足道，都带有无限之善的影子，无论这个影子多么微弱。

　　拿任何实际存在的对象举例，比如某种我们认为"最好"的实际存在的东西。假设你的判断敏锐且经过深思熟虑，而且这个对象本身也的确非常优秀，那么，你的判断意味着，这个对象代表了其所在类别中至高无上的存在方式。反过来说，这也意味着存在的方式是分层级的，即存在的程度各不相同。单从存在感本身而言，有些事物更加显眼，要比其他事物的存在更为充分和突出。具备这种条件，便意味着这种事物是最优秀的。这是因为，在我们有着直观了解并称为"最好"的现实对象中，我们频繁看到这种条件。因为，我们在其中看到了一种对于其所在种类而言最高的存在方式。有没有可能，在一切存在之中，有一种不存在任何限制的"最好"，一种纯粹和单纯的"最好"，一种真实存在的终极，一种超越我们所知道一切存在的最高存在方式，其存在本身就是它们存在的原因。这样的存在，就是至高无上的存在。

第二十五章
我们无法独立存在

一个表明我们尚未彻底达成自我认知的明确信号，就是我们能毫无不适地在心中容纳两个互不相容的命题：（1）我了解我自己；（2）在伦理生活中，我可以独立存在。如果泽维尔真心相信第二个命题，那么第一个命题就不成立。泽维尔不了解自己，如果他了解自己，他就会敏锐地意识到，第二个命题中所反映的那种粗犷狂放的个人主义与伦理生活格格不入。如果某人的自我认知符合事实，便会清楚自我严重依赖于他人。合乎伦理的生活，必然涉及团结和社区。

在亚里士多德看来，个人和社会伦理/政治是同一事物的两个方面，这位著名的哲学家有这样的理论，并不出乎意料。因为，他曾经把人定义为一种政治动物，也就是说，人这种动物所处的自然环境即社会。相比之下，其他哲学家则设想出了一种原始的自然状态，在这种状态下，所有人类物种的成员天生就是粗犷的个人主义者。一种假设表示，在这种自然状态下，人们彼此之间进行着持续不断的战争，如狼似虎地产生残酷而无休止的冲突。最终，我们的原始祖先厌倦了不断的斗争，或许也意识到当前的相处方式大大削弱了个人生存的可能性，于是便坐下来签署了互不侵犯条约。就这样，人们建立了和平秩序，通往政治机构的道路也清晰起来。根据这一理论，人类并不具有社会天性，但在原始历史的某个时刻，人类决定将社会化作为一种权宜的手段，创造出一个更可预测且更少危险的环境。在亚里士多德看来，种族的前社会状态纯粹虚构。作为政治动物的人，并不是从作为个人主义者的人进化而来的；更确切地说，个人主义是作为政治动物的人的腐化。当人试图否定自己的正常本性时，便会出现个人主义。

成熟道德意识的一个标志，便是公共利益观念的突出。公共利益是一个经常被提及的常见词语，但背后的理念在当今却非常模糊。对公共利益一个常见的误解，是将其视为各种利益的总和，即所有个人或私人利益的总和。正如术语本身所明确的那样，公共利益是属于许多人的利益，而根据定义，这正是私人利益不具备也不可能具备的。你可以把任何纯粹的私人或个人利益加在一起，但永远也不可能由此得出公共利益。公共利益是共有的，所有社区的所有个人都可以平等分享；然而，这个词最常用的方法，还是指代某个政治团体或国家。

整体共同利益中包含的具体共同利益，涉及所有的基本人权，例如杰斐逊的生命、自由和追求幸福的权利。[①] 自由或政治自由是一个健康的政治共同体中所有成员共享的利益，能够使所有人受益，包括正负两面：免于自由和获得自由。一个管理有序的政治共同体的公民不会受到人身暴力的侵害，不会受到不公正法律的侵害，不会受到迫使他们违背良心的社会条件的侵害，也不会像毫无秩序、不存在总体共同利益的公民社会的成员一样，被迫面对种种不幸。从积极的方面来看，公民可以自由地按自己认为合适的方式拥有和处理自己的财产，可以自由地与社区的其他成员集会，可以自由地在公共场合讲真话，也可以自由地积极参与他们自己的公民治理。

如果我们所追求的个人利益是真正的利益，即真正有益于我们的利益，加之如果我们生活在一个公共利益正常的政治社会中，那么，个人和公共利益这两者之间就不应该存在紧张关系。准确来说，健康的共同利益应该营造出一种环境，促进人们能够不受限制或不受阻碍地追求合法的个人利益，所有自然人权得到应有的尊重，促进个人利益得到保护。事实上，我们可以认为，最健康的公共利益可以积极促进人们对于合法个人利益的追求，因为它创造和维护了有利的社会氛围。反过来说，不健康的公共利益会危及私人利益。乔尔生活在一个严禁财产私有的社会里，他的梦想是未来在乡下拥有一小块土地，在那里种种甜菜、写写诗，但除非政治局势好转，否则这永远只能是一种幻想。

---

① 出自由托马斯·杰斐逊主笔的《独立宣言》原稿序言。

想要积极认识公共利益及其对我们生活产生的重要影响，我们就要明白这样一个事实：我们个人的幸福永远不能与我们所在社会的整体幸福割裂开来。我们不能以自我为中心，按照"我的方法"行事，从而忽视或侵犯社区中其他人的合法权益。此外，我们之所以需要他人的帮助，不仅是为了身体的生存，也是为了让伦理生活成为可能。我们或许可以自食其力地生存下去，却无法靠自己过上伦理生活，也就是说，我们无法靠自己过上一种真正的人的生活。

理想的共同利益，应该能够真正保留、保护和促进其社会所有成员的人性化。例如，正如过去和现在的许多社会一样，一个压制宗教自由的社会，会使得整体公民的人性遭到削弱。这是因为，当任何一种合法的人的自由被剥夺时，其他的自由也都会受到威胁，现实也屡屡让我们看到，其他自由最终的确会受到种种限制。生活在一个否定宗教自由社会中的无神论者不应该高枕无忧，因为在社会工程师的脑中，行使任何自由都是国家的赠礼。如果国家认为当今否认信仰自由是应行之举，那么，未来否认无信仰自由从逻辑而言便没有问题。所有自由都是一个整体。

我们每个人都有责任维护健康的共同利益。想要切实做到这一点，我们只能在思想上做到兼收并蓄，将他人的利益牢记在心。我所追求的各种个人利益，总会不可避免地带有一种特殊的个人印记，但这些利益永远不应完全只服务于个人，甚至与健康的共同利益完全不相容。我对合法个人利益的追求，与他人对于合法个人利益的追求之间不应发生冲突。共同利益不能只靠自我创造，而必须由一个政治团体的成员生产、实施并加以维持。我们或许天生是政治动物，但我们所在的政治社区并不一定包含着健康的共同利益。健康的公共利益是如何形成并维持的？在大多数情况下，公共利益是间接的产物：一个社会之所以拥有健康的共同利益，是因为其中拥有大量的公民，他们满怀信心地追求着真正的利益，即能够对他们产生完善作用的利益。这一切可以归结为一个相当简单的结论：一个好与善的社会，是由好与善的人组成的。

健康的公共利益可以为伦理生活营造适宜的环境。如前所述，友谊为我们的生活提供了一种更为直接的助力。我们之所以把一些人视为朋友，是因为我们从与他们的交往中获得了各种各样的好处，有时也许只是物质上的收益。这并不能代表最高形式的友谊，但仍然配得上"友谊"这个名字，因为其中不牵扯唯利是图的操纵，即一方对另一方加以"利用"；这样的收益是双向的。然而，由于这种友谊完全依赖于从中获得的利益，一旦利益终止，友谊也就随之破裂。与这种类型的关系相反，还有一种我们称之为"真正友谊"的关系。

真正友谊的主要特征是向内投入，而不是从中获取。朋友的地位首先是人，而不是施予者。莎拉和克莱尔是真正的朋友，这意味着莎拉把克莱尔摆在自己之前，克莱尔也把莎拉摆在自己之前。她们之所以能够建立真正的友谊，首先是因为她们每个人作为个体，都致力于追求真正的利益，即每个人都过着伦理生活。双方都希望自己获得真正的利益，也想要对方获得真正的利益。莎拉知道对自己真正有益的东西是什么，也就是什么能让她这个人得到真正的完善，因此她也一心希望克莱尔得到真正有益的东西。然而，莎拉所做的不仅仅是希望，除此之外她还愿意付诸行动，也就是说，她会拿出实打实的行动来。爱的本质是愿意为对方做真正有益的事。莎拉对克莱尔的态度，正好与克莱尔对莎拉的态度相吻合。真正的友谊是完全互惠对等的。

第二十六章

关于善的进一步思考

我们在前文中已经了解到，目的、幸福和好与善的概念是融为一体的。我们做任何事情，都是为了达到一个明确的目的，这也是行动带有目的性的另一种表达方式。我们的目的能够给予我们有力的激励，这是因为，我们相信实现这些目的能让我们过得更好，即目标的实现会给我们带来幸福。那么好与善呢？我们相信，只有对我们的幸福有意义的东西才是好与善的。鉴于亚里士多德对于幸福的理解，我们逐渐认识到，"提升我们的幸福"，就是提高践行美德的能力。

好与善是伦理学的主导观念，这是因为，我们所有行为背后的动机，都是我们对于好与善的认知。将某个对象视为好与善，首先就要以肯定的眼光去看待；从较为深入的意识层面来说，我们认为这种东西对我们有潜在的好处，而这也是促使我们积极追寻的触发因素。当然，我们认为坏与恶的东西也会影响我们的行为，但这种影响是消极的。我们对认为坏与恶的东西置之不理，采取一切必要的措施与之保持距离。对于一个人来说，将某个对象视为坏与恶并产生渴望，这有违我们的本性。某种坏与恶的对象必须先被我们转化成好与善，才能吸引我们煞费苦心地去追求它。

对于好与善的感知通常会产生占有的欲望，但是，对于一些我们普遍认为好与善的东西，我们永远不可能占有它们，至少不会以我们通常理解的方式占有。我指的是那些其美好可以通过一种特殊的方式俘虏我们的心灵并吸引我们的注意力的事物，比如令人叹为观止的落日，悬浮在东方地平线上的满月，莫扎特的《A大调钢琴奏鸣曲》，以及维米尔的《戴珍珠耳环的少女》。我们通过反思就能发现，对于美的体验以及反应，能够扩大我们对于好与善的本质的理解。从哲学角度来看，真、善和美的本质是一个现实的不同面向，就像一个完美的等边三角形的三条边线。或者我们可以说，美是好与善的浪漫表达，是一种带有超越意味的好与善。无论是自然之美还是艺术之美，与美面对面时，我们面对的都是一种摄人心魄的东西。然而，美在唤起人们对自身强烈关注的同时，也指向自身之外，指向一种超越之美，一种超越之善。我所谓的超越之美，是一种能够解释我们在事物中所见之美的美；所谓的超越之善，是一种能够解释我们在事物中所见之善的善。

在将任何事物定义为好与善的时候，这样做的终极原因是什么？仅仅因为对某样东西产生积极反应就将其定义为好与善，这显然是不够的，仿佛所谓的"好与善"，归根结底只是"我喜欢"一般。如果我们能够看清和想清其中的缘由，便会发现这里的因果顺序正好相反：我们之所以喜欢或爱某样东西，恰恰是因为我们对这样东西的认知是好与善的。因此，好与善不能被单纯简化为主观的东西，而是在现实中具有客观地位。正因如此，对于我们在周围事物中看到和喜爱的客观的美好，必须要有一个客观的解释。此外，这个解释必须是一个终极的解释，即这个解释本身不再需要通过进一步的解释来说明，否则，我们永远不会对问题得出满意的答案。哲学认为，针对具体事物的好与善唯一恰当的解释，是存在着一种终极或至高无上的好与善，一种彻底及无条件的好与善。所有具体的好与善，都是从这种好与善之中而来的。具体的好与善之所以是好与善，是因为这是至高无上的好与善中的一部分。

对好与善的概念的进一步思考，必然会引出坏与恶的问题。没有什么能比好与善和坏与恶之间的对立更加彻底，但这二者之间也存在着一种意义重大的紧密关联。好与善是基本的现实，从存在而言，坏与恶完全依赖于好与善；如果没有好与善，就不会有坏与恶。也就是说，坏与恶寄生于好与善之中。以此为基础，在试图理解邪恶的本质时，我们只能以好与善为途径。好与善首先出现，不仅是完整的存在，同时也必然存在于不完整和缺失之前。在历史上，希波的奥古斯丁[①]曾将邪恶定义为"privatio boni"，即"善的缺失"。"缺失"这个概念想要被人理解，便要依赖于"存在"这个概念。用更简单的话来解释：我们只能从积极的角度来理解消极。

---

① 奥古斯丁也称奥斯定（354—430），早期天主教神学家、哲学家。

没有正数，就不存在负数。好与善是积极的，坏与恶是消极的。这里要强调的是，如果坏与恶可以理解，那么只有通过好与善才能理解它。之所以如此，是因为坏与恶和好与善之间的关系就好比缺失之于存在。

邪恶本身是不可理解的，因为它本身并非作为一个独立现实而存在。邪恶没有实体存在，而是作为实体存在的腐化败坏而存在。就像一种生理疾病一样，只能通过疾病侵蚀的活体来识别。

要清晰地探讨邪恶非常困难，我们的语言会变得磕磕绊绊、犹豫不决。即使我们设法将谈话多维持了一段时间，但更多的辞藻并不意味着更清晰的表述。为什么会这样呢？主要原因在于，谈论好与善时，我们谈论的是某种存在；但在谈论邪恶时，我们在试图表述某种缺失。我们试图确切指出某种虚无，某种本该存在却似有若无的东西。

第二十七章

通过正确的手段追求善

"追求善"①这句箴言历久弥新，能够激起我们的干劲，也能很好地总结出伦理生活的精髓。好与善是我们的行动意在达成的目的，是我们的行为所针对的目标。我们可以抽象地思考好与善的本质，但通常来说，我们并不会追求抽象的东西。我们追求的是实实在在的好与善，即真正可欲且真实存在的东西。切记，伦理学是一门非常实用的学科。

我们自然而然会将好与善视为目的，而这也同时引出了手段这一因素，因为只要存在目的，就必然存在手段。通常来说，我们无须过多考虑手段，因为有的手段极其简单，无须多虑就可采取。现在，厨房里有一壶刚刚煮好的咖啡。如果我的目的是喝一杯咖啡，那么为达到这一目的所采取的手段无须付出过多的努力。目的的重要性与实现目的所需手段的复杂程度和困难程度之间，通常有着密

① 古希腊著名哲学家、思想家柏拉图（公元前427—公元前347）提出的一个概念，也是《理想国》一书中的重要概念。

切的关联。与获得医学学位所需的手段相比，获得一杯咖啡所需的手段要简单得多。

想要检验我们对追求某个目的有多么用心，就要看我们是否愿意采取实现目标所必要的手段。在某些情况下，在采取某些手段之前，我们对这些手段的复杂和困难程度不得而知。在开始之前，某些任务似乎无须花费太多时间和精力就能完成，但着手之后，我们才发现其代价超出了我们的预期。除此之外，那些烦心的"不可预见的情况"也频频出现，让事情变得难上加难。然而，如果我们在开始追求某个特定目的之前就坚定地告诉自己"我不惜一切代价也要达到终点"，那么，我们大概率不会因途中可能遇到的困难而动摇。

手段必须足以达到目的，这涉及两点要求。首先是最基本的一点，手段必须是有效的，必须真正能够把我们引向所指的目的。第二点具体涉及伦理，即手段必须符合道德。接下来让我们逐一展开。

从各个方面来说，露西尔最近买的房子都挺不错，只是后院实在让人糟心。然而，露西尔是个敬业的园丁，她下定决心，要尽快把后院打理好。车库旁边有一块地方，她想把那里改造成一片菜园，但就目前的状况来看，那里只是一片杂草，由灌木、小树苗和其他野蛮生长、乱糟糟、难以辨认的植物组成。为了清理这片区域，露西尔决定使用炸药，在房前的安全距离引爆。事实证明，露西尔选择的手段非常有效：这片区域被清理得干干净净。不幸的是，露西尔的后院现在留下了一个大坑，她的车库也被夷为平地。更糟糕的是，隔壁的邻居因为听到爆炸声而突发心脏病。总而言之，若说露西尔选择了不恰当的手段来打理菜园，我不认为这样的结论失之偏颇。

有的时候，特定的目的只能通过一种手段达成。假设从迷失峡谷①到加里深谷只有一条路可走，而你现在正在迷失峡谷的老沙龙酒店吃水牛汉堡，想要开车到加里深谷，你的选择非常有限。更准确地说，你根本没有选择。如果不想走着去，你要么从314号县级公路上开过去，要不永远也别想到达。然而在大多数情况下，我们可以采取多种手段来实现自己设立的目标。这时，我们就要戴上思考帽②，努力找出最佳选项。

在这样做的过程中，我们需要考虑的一个主要问题是效率。不用说，想要通过明显不充分的手段达到目的，只能是徒劳。想要用茶匙和水桶清空游泳池，这并不是一种非常有效的方法。但是，能够充分达到目的的手段，不能单纯只是有效。从某种意义上说，露西尔选择开辟菜园的方式是有效的，但附带造成的损害，却让人对她的成就打了问号。对于这种案例，需要我们对其道德伦理方面进行深入研究。

---

① 以下地名均为虚构。
② 思考帽是英国学者爱德华·德·博诺（Edward de Bono）博士开发的一种思维训练模式，共有六种，所以常被称为"六顶思考帽"。它提供了"平行思维"的工具，避免将时间浪费在互相争执上。

面对具有明确道德含义的选项，在判断为达到特定目的所采取的手段时，我们需要考虑的肯定不仅仅是效率。首先，我们必须关注目的本身。目的必须在道德许可的范围内，也就是说，从客观而言，这必须是一个好与善的目的。如果罗斯科的目的是谋杀西奥多，不管选择什么手段，他都是在做坏事，因为该目的本身就是邪恶的。然而，试图通过不道德的手段来达成符合道德的目的，则可能会让目的变质：目的正当不能证明手段正当。

这一原则假定，我们所讨论的目的是好与善的。目的正当不能"证明"手段正当，这句话背后的理念在于，即便意在实现一个正当的目的，我们也不能随心所欲地使用任何手段，无论手段多么有效。克莱姆是一个心胸宽广的人，对世界上的穷人抱有深切而真诚的同情。于是，当他听说小镇东边的一户人家生活困顿，以致孩子们严重营养不良时，他决定要为此做点什么。说到做到，他凑齐了1万美元现金，装进一个塑料袋，在一个凉爽的夏夜来到这户人家，像圣尼古拉斯①一样，偷偷地把钱从一扇开着的窗户里塞了进去。看起来，克莱姆似乎做了一件好事。但是有个问题。他给这个贫困家庭的1万美元并非自己的财产，而是他那天下午从主街的一家工人银行偷来的。他选择的手段为原本好与善的目的抹黑，抵消了原本值得称道的善举的道德价值。

---

① 圣尼古拉斯是基督教圣徒，圣诞老人的原型，会悄悄给人赠送礼物。

第二十八章

分清轻重缓急

　　"分清轻重缓急"，当今社会，我们经常听到诸如此类的说辞。这是一句值得深思的表达。人们普遍认为，分清轻重缓急是一件好事。这句话的大意是说，一个人要把自己的优先事项（如承诺和意图）按适当的顺序排列，将最重要的事项排在第一位，紧接着是第二重要的事项，然后是第三重要的事项，以此类推。这意味着每个优先事项都有一定的自身价值，该价值决定了该事项相对于其他事项的位置。我们用A、B、C代表不同的优先事项，假设三者都需要查理来处理。假设A的价值优于B，B的价值优于C。按照"正向"排列，这三者的顺序是A、B、C。而遗憾的是，查理最重视C，其次是B，最不重视A。所以，至少对于这三个事项而言，查理的排序是完全颠倒的。

　　为了让这些抽象的字母鲜活起来，我们假设A代表"养家糊口"，B代表"做一个有良心的公民"，C代表"成为零差点高尔夫球手①"。查理是一个有六个孩子的已婚男人，在B上表现很好。他从不错过投票的机会，是社区行动委员会的成员，而且从不偷税漏税。但是，查理的大部分时间、精力都放在了高尔夫球上。他痴迷于这项运动，因为他居住的地方一年四季都能打球，于是他全年无休、乐此不疲地投入进去，把几乎所有的空闲时间都花在了球场上。然而，查理花在高尔夫上的时间和精力是从家庭中抽出来的，他甚至不负责任地将家人抛之脑后。打高尔夫球是查理人生中最重要的事情，而照顾好自己的家庭在他的人生中只排在不起眼的第三位，绝大多数人都会认为，查理没有分清轻重缓急。

人们这么评价查理无可厚非，因为人们在评判事项的优先顺序时，存在一套客观的标准。我们不会认为，只要一套事项的优先顺序符合当事人的秉性，这种顺序就是正确的。如果"怎么过自己的生活，由查理自己主宰"的意思是，查理的选择除他自己之外与其他人无关，那我们就不会讨论这一话题了。（你可以把这话讲给他的妻子和孩子试试。）如果查理真的想过上一种伦理生活，他就应该更加重视那些从客观而言更为重要的事情。打高尔夫是件好事，照顾好家人也亦然，但这二者的重要性并不相同。在查理置身高尔夫球场时，当然可以把所有精力都投入到这项运动中，但与此同时，他也要做一个为家庭奉献、有责任心的好男人。

我们每个人的心中都埋藏着一份宝藏，这些宝藏就是我们的

---

① 即差点为零的高尔夫球手，代表能够打出标准杆或更好的成绩。

优先事项，是我们在生活中摆在首位的东西。这些事项吸引了我们大部分的注意力，堪称我们活着的目标，其中一些事项对我们来说非常重要，能够牢牢把控我们的感情，以至于让我们甘愿付出生命。每隔一段时间，我们都应该停下来认真问自己：我生命中最重要的事情是什么？让我们想象一下，就在刚才，当前生活在地球上的每一个成年人都停下来扪心自问，并给出了诚实的解答。不用说，这些答案五花八门，但可以肯定的是，每个答案都能深刻揭示关于回答者的信息。我们通过自己的优先事项来认识自己，这些优先事项，就是我们称为好与善的东西，它们帮助我们勾画出生活的轮廓。

从最深刻的伦理意义而言，分清轻重缓急意味着将真正的好与善奉为优先事项。追求这些事项会给我们带来真正的益处，因为它们会让作为人的我们得到完善。真正重要的事情，理应排在第一位。

第二十九章

对好与善的误解

我们一向选择好与善，追求好与善，永远如此，绝无例外。如果在你身上有些出入，那是因为这种说法虽然正确，但有必要加以限定。这一必要的限定就是：我们总会选择和追求我们认为好与善的东西。无论怎么尝试，我们也不会违背这一点。对于不视为好与善的东西，我们根本无法渴望和努力拥有。如果让一位敏锐的观察者对我们做出的各种选择加以审视，他可能会无奈地摇头。因为他发现，我们的视角存在许多漏洞。我们认为好与善的东西，并不总是如此。换句话说，在好与善的判断上，我们经常会犯下可悲的错误。

在本书的前文中，我不止一次地对真正的好与善和表面的好与善加以区分，却没有花时间对这种区别加以解释。现在不失为一个解释的好时机。真正的好与善能够对其追求者起到完善作用。当斯蒂芬妮按时归还从辛西娅那里借来的500美元时，可以说她做了一件真正可以称为好与善的事情，因为这代表了一种公正的行为。通过这种行为，那些公正待人的人也让自己成为更好的人。而所谓表面上的好与

119

善，虽然看似对追求这些的人起到了完善作用，但实际上并非如此。

在为一份好工作写正式申请时，利亚姆编造了许多以假乱真的谎言，塑造自己的形象和过去的工作经历，并最终得到了工作。他的谎言可能会在短期内给他带来纯粹的物质利益，但我们可以推测，从长远来看，利亚姆的谎言必定会让他自食其果。但这个可悲故事的重点在于：如果利亚姆不把说谎视为一件好与善的事，也就是说，如果他不相信说谎会给他带来好处，他就不会有动机说谎。我们可以准确地将利亚姆的行为描述为一种自我毁灭，但即便是最极端形式的自我毁灭，也会被参与者赋予积极的意义。自杀者不得不终结自己的生命，因为在他的眼中，自己的死亡是好与善的，是优于继续活下去的选项。

真正的好与善和表面的好与善之间的区别，揭示出一个显而易见却没有得到充分认识的事实，即我们可能会对好与善产生误解，且判断的精准度有时令人沮丧。我们经常会将消极目的当作积极目的来看待或追求。我们认为某些事物对我们有益，实际却并非如此。在这些错误选择中，一些后果可能相对微不足道，有些则相当严重，这取决于选择本身的性质。当伯尼把剩下的两杯马提尼酒灌到肚里时，这种做法在当时看来无可厚非。但第二天早上，当他因为宿醉而头疼欲裂时，不禁为前一天晚上做出的判断后悔起来。当大卫因追求黛安娜不得而加入外籍军团①时，他认

---

① 由外国志愿兵组成的陆军正规部队，和本国籍成员拥有同等身份保障。

为这是正确的决定。然而，在这漫长的五年时间里，他却不得不汗流浃背、灰头土脸，为自己的鲁莽决定后悔。可是，黛安娜会把这件事放在心上吗？

在好与善的判断上，我们人人都会犯错。伦理生活的主要目的之一，就是鼓励我们尽力减少这些错误发生的频率，防止养成习惯。偶尔为之与习以为常之间的区别，足以在美德与罪恶之间划出界线。

那么，我们为何会误解某些事情是对自己有益的呢？在分析个例时，具体原因的细节当然会有很大差别，但几乎对于每种情况，都存在着两个通过各种方式产生影响的基本因素：一是情绪；二是无知。之所以对好与善产生误解，或许是因为在做出选择时我们对自身和所处环境的主要因素缺乏了解，从而直接影响了选择的质量。之所以把表面上的好与善误认为真正的好与善，最常见的原因之一，就是对自己的无知，也就是缺乏足够的自我认知。除非这个根本问题得到解决，否则一个人永远不可能始终如一地对好与善做出正确的判断。此处的逻辑一目了然，足以打消我们的种种顾虑：我们不能指望一个不够了解自己的人知道什么对自己真正有益。

做出选择时由于所处环境而对好与善产生的误判，或许仅仅是缺乏经验造成的，在这种情况下，唯一的补救办法便是投入更多的时间，利用这些时间积累更多的经验。只有警觉专注地置身于经历之中，我们才能从中学习。没有什么错误要比选择表面的而不是真正的好与善更值得我们吸取教训。被刺痛的经历让我们不会轻易忘记，它会留下伤痕。想要疗愈无知，唯一可靠的方法就是获取知识。而想要区分真正的好与善和表面的好与善，更需要坚持不懈地努力。

情感是另一个导致我们误解好与善的因素。辨识真正的好与善是一种理性行为。追求那些能够对我们有所提升的东西，是一种极尽理性的行为模式，原因在于这是最明智的做法。因此，我们需要进行清晰而冷静的思考，以便选择真正的而非表面的好与善，在事关重大时尤为如此。然而，想要扰乱清晰冷静的思考，威力最大的方法就是使自己情绪失控。如果对这种情况听之任之，我们的情绪就会变得固执专横，从而抵消我们的精神力量。若不是因为被黛安娜拒绝而深陷绝望，上文中的大卫为什么会受到外籍军团招募士官的影响？任何足够强烈且支配性十足的情绪，都会使我们的头脑变得混乱。恐惧或愤怒可以牢牢控制我们，让我们对好与善的感知完全错位，最终把假的当成真的。

另一种误解好与善的原因是草率，也就是过早地采取行动，而这种解释不如无知和情绪失控那么普遍。有的时候，我们太急于处理某件事情，而没有充分考虑如何才能取得成效。在某些情况下，听听最古老的建议也无妨，比如：三思而后行；欲速则不达。耐心点，再耐心点。用来斟酌好与善的时间，不能算作浪费。

第三十章

知与行的分裂

苏格拉底有一个关于伦理的理论，这个理论似乎被他的弟子柏拉图所借鉴，可以简单表述为：知善即行善。按照这种理解，伦理生活应该没有什么晦涩之处。如果我真的了解好与善，知道在不同情况下好与善的选择是什么，我就会照做。对于苏格拉底来说，知识在伦理学中至关重要，因为知识具有影响行为的力量，即正确的知识能够确保正确的行为，所以，他把知识等同于美德。

这是一个有趣的理论，我们必须承认，这条理论极大地简化了伦理学。如果我想过上伦理生活，就应该非常明确自己要采取的措施：认真研习，掌握知识，然后在生活中遵循知识，通过行动完美反映我的知识。具体来说，只要明白了公正的美德，我就会成为一个公正的人。

苏格拉底的理论为我们提供了一个现成的解释：一些人之所以行为恶劣，是因为他们的认知存在问题。他们的问题在于对好与善的无知，如果能够分辨好与善，他们自然会去做好事。嘉莉的操行令所有人都为她感到羞耻：她不仅无耻剽窃、虐待下属、说朋友的坏话、疏于照顾父母亲，还在禁烟区吸烟并逃避处罚。当然，这一切行为都很可耻，可这并不是嘉莉的错。她并不是真的想做坏事，鉴于知识和行动之间牢不可破的联系，她别无选择，只能根据她的已有的知识来行动。她判断有误，但并非心肠恶毒。想要解决她的问题，只有通过教育。她必须摆脱所有的坏与恶的知识，用好与善的知识填满自己的头脑。这样一来，一切都会有所起色，她也能成为美德的典范。

苏格拉底的理论虽然有趣，却大错特错。这一理论歪曲了知识在伦理学中的作用。知识在伦理学中至关重要，这一点不容否认。很明显，如果不知道什么是好与善，我们就不能做好与善的事情。因此从严格意义上来说，我们说知识是美德行为的必要条件，但不是充分条件。知识是必需的条件，但不是唯一必需的条件。缺少对于公正的一定认识，我就不能公正地行事。但是，仅仅懂得公正是不够的，还必须有运用这种知识的意愿，把知识从纯理论的范畴中提取出来，带入实践的领域。

追忆往事，还有什么经历要比知行之间的分裂更加让我们熟悉和不安的吗？哎，看看所知与所做之事、所知与应做之事、所知与未做之事的鸿沟有多大吧！其中一种情况是：一个人采取了行动，但行为不但不符合自己明知正确的方式，甚至与之截然不同。也就是说，他的行为与知识自相矛盾。内德就是这样一个例子，只见他兴奋地舔着嘴唇，翻看着姐姐的日记。他知道姐姐把日记视为绝密，如果被她发现自己偷看日记，他很可能会挨揍，甚至好几天都没好日子过。然而，明知这些，他还是继续读了下去，同时不忘竖起耳朵听着汽车驶入车道的声音。内德并不缺乏意志，而是在滥用意志，这是因为，他利用意志行事的方式与自己的认知背道而驰。他的思维模式是："我不该这样做，但是……"对于这种思维模式，我们每个人都有过类似的经历。

另一种情况是：一个人清楚确切地知道要做某件正确的事，但没有采取行动。上周四，哈罗德和同事本尼发生了激烈的争吵，并在气头上对本尼说了一些难听的话。现在，哈罗德正坐在办公室里回想这件事。他知道，他欠本尼一个道歉。他知道，本尼现在就坐在大厅另一头的办公室里。他只需穿过大厅，给本尼一个道歉就行，可是哈罗德仍然呆坐在自己的办公室里前思后想。哈罗德没能做正确的事，不是因为他缺乏知识，而是因为他缺乏意愿。

如果苏格拉底的理论是正确的，如果该理论是实际经验的准确反映，那么以上两种情况都不可能发生。内德不会翻阅姐姐的日记，哈罗德也不会一动不动地呆坐在办公室里。

那么，想要防止知行之间的分裂，我们需要采取什么行动呢？首先，我们需要具有正确的知识，也就是关于好与善的正确认识。这种知识必须是清晰的、明确的、坚定的。但是，只有知识是不够的，我们还需要正当的意愿，即一种能够支持和贯彻知识的意愿。正当意愿的另一个名称是美德。对于好与善的认识本身不足以确保我们能够遵循这种认识行事，但美德可以。从本质上讲，美德就是坚持到底的能力，即按照我们的所知采取行动的能力。

除非理智与意愿、知与行之间存在充分契合，否则，我们就不可能在伦理生活中有任何进步。没有这种契合，我们会处于与自己不断交战的状态，不但不去做我们该做的事，反倒做不该做的事。这样一来，我们便在心理健全和道德操守上打了折扣，成了自相矛盾的生物。

然而，我们在此反思的经验，也就是我们的知和行之间可能出现的差异，难道不与我们的行动总会符合好与善的认知观念相矛盾吗？答案是不矛盾。我们思考伦理问题的方式向来是复杂的，要分为不同的层次。在面对道德选择的时候，我们很少以一种完全遵从内心的方式做到"言行一致"。再来看看内德翻看姐姐日记的例子。从一个层面来说，他知道他做的事情是错误的，这也解释了他为何会如此忐忑不安；但从另一个更深的层面来说，他认为这是一件好事，是他真正想做的事情。如果不这样认为，他就不会做出这样的举动。"没错，我知道我做的事情是错误的，但是……"每当我们这样告诉自己的时候，从意识的某个层面来说，我们已经"扳正"了错误，为了自己的利益而颠倒是非。而这种扭曲的转变，随后也成为激励我们行动的驱动力。最重要的信息，蕴含于我们在"但是"之后对自己说的话中。

第三十一章
快乐

　　快乐会对伦理生活构成问题吗？或许会，但可以避免。想要确保快乐不构成问题，我们只需接受快乐本来的样子，不要把它看得太重，也不要看得太轻。正如看待伦理生活的整体观念一样，对于快乐，我们也应该遵循适度的中庸之道，保持理性，避免极端。

　　对快乐的一种极端态度，即过分追求快乐的极端态度，就是享乐主义。享乐主义者会将"追求幸福"解读为"追求快乐"，甘愿为享乐而活。汉克在熟人口中被称为"快乐汉克"，是一个全心投入的享乐主义者。他的人生哲学，几乎可以用"快乐"这一个词来概括。玩得开心才是最重要的事情，没有乐趣，就不算真正的生活。在享乐上，汉克可谓"一视同仁"，对于任何形式都来者不拒。他并不会对快乐带来的益处心怀感激，因为在他看来，这一切都是理所应当的。虽然有人挖苦他懒惰、缺乏积极性，汉克却在对快乐的不懈追求中表现出了极大的精力和创意。在成为一名彻头彻尾的享乐主义者后，汉克才亲身体悟到了资深享乐主义者们对他的告诫：得到的快乐越多，欲望就越大。这就像登上了一台速度越来越快的跑步机，机器逼着你气喘吁吁地狂奔。这样的状态维持不了多久，汉克的情况就是如此。

上文讲述汉克的故事，应该用过去时来叙述[①]，因为汉克已经被跑步机累垮，离开了我们。享乐主义可能会对人身造成伤害。剂量过大的快乐，会无情地转化为痛苦。快乐先是伪装成生命的终极目的，然后又反咬一口，将生命毁于一旦。

享乐主义这一极端的反面，便是享乐过少，对此似乎还没有一个普遍认同的名字。我暂且称之为麻木主义。麻木主义者对快乐持完全否定的态度，认为快乐与真正合乎伦理道德的生活是对立的。对这些人来说，快乐是没有骨气的人的嗜好。屈服于快乐的病态之美的人，会逐渐沦为弱者。强者能够忍受没有快乐的生活，并因此变得越来越强大。

麻木主义者或许会以一种过于激进、令人敬畏的方式给人留下深刻印象，但作为一种类型，这种人并不多见。世界上麻木主义者的数量，要远远少于享乐主义者。想要成为享乐主义者相当容易，但严重的麻木不仁则要求很高。没有人能忍受毫无快乐的生活，这样的尝试无疑是在公然向自己的本性宣战。而这正是享乐主义和麻木主义的共同之处：二者都在与健康的人性作斗争，尽管方式不同。

---

① 英文中，讲述逝者的句子一般使用过去时。

讨论快乐在伦理生活中扮演的适当角色之前，我们需要先对这个问题有一个准确的概念。快乐不是一种"东西"、一种独立的实体或一种物质，尽管我们平常用来讨论快乐的方式确有此意味。和幸福一样，快乐不是"外在"的东西，而是"内心"的存在；具体来说，快乐其实就是对某个行动积极的身心反应，从最广泛的意义来讲，它可以是我们全身心投入其中的任何体验。因此，快乐总是作为行动的效应，伴随着行动而来。进食活动能产生味觉上的快乐；对一部分精力充沛的人来说，慢跑也是一种快乐。产生快乐的活动不一定是身体活动，我们可以从解决一个纯粹的智力难题中获得快乐。聆听优美的音乐可以带来极大的快乐，正如亚里士多德所说，我们最大的乐趣之一来自视觉能力的调动，仅仅是观察事物，就已乐趣无穷。

　　鉴于快乐与行为不可分割的事实，在从伦理的角度评估快乐，并对快乐进行相应的道德评价时，我们也需要参考快乐伴随的行为，毕竟快乐是行为产生的效应。换句话说，要确定某种具体的快乐在道德上是好是坏，我们必须参考引出这种快乐的具体行为。在这个问题上，我们遵循的公式非常简单：如果引起快乐的行为是好与善的，那么快乐就是好与善的；如果引起快乐的行为是坏与恶的，那么快乐就是坏与恶的。利他主义者可以在帮助别人的过程中感到快乐，他不必为此感到羞愧，也不必被迫道歉。施虐者以给别人带来痛苦为乐，他的行为是邪恶的，因此，从中获得的快乐也是邪恶的。

享乐主义者只专注于产生快乐的活动，对可能产生痛苦的活动避而远之；同样，麻木主义者也会致力于规避所有哪怕带来一丝快乐的活动。

对待快乐的正确心态，应该是显而易见的。显然，我们不想与恶行带来的快乐沾一点边。对于好与善的行为所带来的快乐，我们应该心存感激。但我们是否需要提醒自己，快乐并不一定伴随善行？这一点告诉我们，我们的重点必须始终放在行为本身，而不是任何可能伴随而来的情感附加值。如果我们只做那些自认为会带来快乐的好事，我们所做的好事便会大幅度减少。从纯粹的情感角度来看，有的时候，做正确事情的体验不但可能平淡无奇，有时甚至会带来巨大的痛苦。

第三十二章

感情主义

从本质而言，伦理生活与理性生活是一致的。做一个道德正直的人，就是做一个理性的人、一个理智的人。我们天生是理性的动物，但这并不是我们的全部属性。除此之外，我们天生就是感性的生物，而作为本性两面的理性自我和感性自我，并不总能友好相处。二者本应和谐共生，但令人不安的是，现实并非如此。

理想的情况应当如此：理性是一场戏的导演，而情感就像敬业的专业演员，遵循理性提供的剧本。理性应该统治，情感应该被统治，这是包括东西方在内的世界上所有伟大伦理体系的一条中心原则。纵观历史的长河，自从伦理思想出现以来，大多数人都坚信情感必须由理性控制和引导，否则道德问题便会不可避免地出现，这是不言自明的公理。

情感必须得到控制，这是一种仁慈的控制，而不是窒息或压抑；另外，情感也必须得到引导，其自然和适当的表达不应遭到钳制。快乐可以说是我们最强大的情感，在对待所有的情感上，我们也需要采取上文讨论快乐时所用的平衡而非极端的心态。情绪并不是坏事，只有在情绪被放任时，才会表现出糟糕的一面。在被放任时，情绪成了统治者，而不是被统治的一方，于是它肆意妄为，甚至试图重新定位一个人的整体生活方向。这种事态之所以棘手，是因为情绪会采取一种无情的、反民主的管理方式；一旦情绪占了上风，便会对理性施加彻底的专制管控。

古时的斯多葛学派①哲学家教导我们，人生最应该追求的是内心的平静、精神的宁静，一种能够坦然面对命运可能带来的任何打击的状态。对于斯多葛学派来说，最重要的事情就是遵循自然，这意味着顺从地接受事情的到来，忠实地履行人生使命的职责，永远铭记可控与不可控之间的区别，将所有精力倾注于前者，对后者全然放手。斯多葛派的理想有很多值得钦佩之处，但他们对待情感的态度过于消极。他们提倡控制情感，但这种控制可能会极大地阻碍情感的自然表达。

控制情感是一件必要的事情，但如果说我们应该努力压制情感，或者更进一步地将情感从身体中根除，那就未免太过激进了。这样的计划绝非明智，即便是明智的，也不可能达成，连尝试都带有危险性。人被定义为理性的动物。这个定义中的"动物"部分暗示了我们天性中的情感层面。无论如何，我们都会对周围的世界做出感情上的反应，也就是说，我们会做出符合人性的反应。

---

① 古希腊的四大哲学学派之一，也是古希腊流行时间最长的哲学学派之一。

在一些思想流派看来，欲望这种情感是非常危险的。我们已经了解，欲望是驱使我们向善的情感；如果我们所追求的是一种真正的好与善，那就可以对我们的司机放一百个心。但是如果我们将欲望视为给生活制造诸多麻烦的根源，认为应该采取有效的措施从体内根除，试想那会是怎样一番场景。这种处境并不像听起来的那么罕见，在佛教哲学的影响下，数以百万计的人都从这种根除欲望的方法中找到了可取之处。他们会争辩说，欲望是永不餍足且注定受挫的，会对灵魂造成持续的干扰，因此应当根除。我们的目标是达到一种无欲无求的状态，只有在摒弃欲望的情况下，我们才会发现彻底的平静。

在软弱的时候，我可能会认为这个观点具有一定的说服力。我必须坦然承认，欲望这种情感不断地叫嚷着："我想要这个！""我想要那个！"有时的确会给我制造相当大的困扰。刚刚满足了一个愿望，又有两个接踵而至。我暗自思忖，要是能将欲望一劳永逸地浇灭，我或许就能体会到真正而持久的内心平静。事实也许如此。但是，用这样的方法换取平静会带来巨大的代价，因为这意味着我要对自己的人性造成严重甚至无法弥补的损害。欲望有时会把我们引入歧途，让我们去追求与自己真正的最大利益相悖的东西，但与此同时，有节制的欲望也会驱动我们追求好与善。没有对于好与善的渴望，便意味着缺少让人类有别于禽兽的抱负。

在过去两百年左右的时间里，一种针对人类情感的新看法在伦理思想界得到了一定程度的流传。这种看法代表了一种与我在本书中所提出的观点截然不同的立场。其中最为大胆和坚决的表述，直接反对理性应在我们生活中占主导地位的经典观念，转而提出了一种与之大相径庭的主张：我们的情感自我应该在道德领域占有突出的地位。也就是说，发挥作用的应该是情感，而不是理性。用解剖学的术语来说，心脏必定优先于头脑；人类的驱动力并不源于头脑，而是内心。这种观点认为，我们的感觉是一种完全可靠、几乎无懈可击的行为指南。如果我们愿意以这种非自然的方式看待道德能动性，那么，我们很容易就能在古代找到根源。从它现在呈现给我们的发展方式来看，它在很大程度上是现代思想的产物。一般来说，我会把它描述为哲学浪漫主义的典范。

这一观点的倡导者迫切希望我们能摆脱古典立场的束缚，因为对于古典立场的坚持使我们形成了一种贬低人类情感的重要性和适当作用的思维方式。他们坚持认为，我们需要恢复对理性和情感的正确理解。理性是冷酷而坚硬的，缺乏足够的韧性和适应性；当理性占上风时，便会扼杀自发性和创造性的自我表达。而另一方面，我们的情感是温暖而灵活的，能够及时回应我们最深层的个人需求。情感能够表达最真实的自我，跟随情感的引导，能让我们成为想要成为的人。

对于这种观点，无须进行复杂的论证。但凡有人对这个观点有一丝认同，只需通过常识和日常的经验便可得到验证。想象一下，把这种观点付诸实证检验，不断尝试，看看会发生什么。想象一下，如果你允许自己的所有行为被情绪左右，那么生活会变成什么模样。拿愤怒、恐惧和欲望等情绪举例。不受控制的愤怒会积累成为暴怒，如果不加以处理，暴怒则会导致理性停转，使局面完全失控。这样下去会有什么后果，相信我们都心知肚明。不受控制的恐惧会使人残废，被强大恐惧控制的人简直寸步难行。不受控制的欲望则会演变成贪婪——对权力的贪婪、对性爱的贪婪、对欲望本身的贪婪。最终，欲望会被自己猛烈的火焰所吞噬，火势肆意蔓延，只留下一堆可悲而暗淡的灰烬，被狂风卷得无影无踪。

第三十三章

恐惧

对于作为道德主体的我们而言，自由至关重要，但正如我们所见，自由可能会受到外部因素的限制。如果我不幸锒铛入狱，在意大利罗马或美国的罗阿诺克街头漫步的自由便会受到严重的侵犯。但是，自由也有其本身固有的局限，其中的一大因素，就是恐惧这种情感。

恐惧是我们的一种基本情感，自然有其益处。没有恐惧，我们就无法存活。恐惧是一种内置的警报系统，提醒我们注意潜在的危险，方便我们采取相应的行动来应对实际情况。这就是受理性控制的恐惧应该发挥的作用。理性的恐惧一向对我们有益，而非理性的恐惧则是我们在伦理生活中必须处理的一大难题。

恐惧最常见的来源是自我怀疑。我们会质疑自己是否有能力实现某种难以实现的美好愿望，或是否有能力摆脱某种尤为强大的邪恶。这种恐惧非常普遍，因为我们经常会发现自己处于这样的境地：我们为自己设定了目标，在付出了相当大的努力却未能成功实现之后，我们开始觉得力不从心。或者，在置身于逆境之中时，我们会开始怀疑自己是否会永远陷入其中无法自拔。这两种情况下的恐惧都是理性的，因为这种恐惧能够提醒我们面对真实而非空想的困难。然而，如果不被理性牢牢牵制，恐惧可能会对它反映的一切情况进行严重的扭曲。由于被恐惧牢牢拿捏，我们可能会低估自己实现困难目标的能力，或是误以为自己无法从糟糕的事态中解脱出来。在这两种情况下，恐惧都会迫使我们过早放弃。

杰罗姆疯狂地爱上了可爱的詹妮弗。他对两人的长期规划以喜结连理为终点，但他知道，在那个圆满的结局来临之前，他还有很长的路要走。杰罗姆发自内心地希望，詹妮弗能回应他的爱意，即便这份爱意远没有自己的强烈。但无论是对于这一点还是其他事情，他都心存疑虑。他经常拿自己和她作比较，这对建立信心来说可没有什么好处。他的头脑相当机灵，但她不仅是全美大学优等生荣誉协会的成员、成绩最优的学生，还获得了研究生院的全额奖学金；他的口才值得称道，但她可以出口成章；他是一名优秀的运动员，但她能在网球比赛中把他打得落花流水；他仪表堂堂，但她的美堪称光彩夺目……类似的例子不胜枚举。杰罗姆想知道她有没有把他当成丈夫候选人看待，而她偶尔向自己的死党克雷格递出的羞怯目光，让他心里没底。杰罗姆到底能否赢得詹妮弗的芳心呢？心中的疑虑，让他心生恐惧。

另外，我们也会为可能无法固守已有的东西而担心。伯特兰是无可争议的全球重量级拳王。他已经蝉联七年冠军，每年两次卫冕：整整十四场比赛，其中十二场凭借击倒对手获胜。伯兰特曾在母亲临终前向她郑重承诺，他将蝉联十年世界冠军，然后带着完美的战绩退役，绝无败绩，也绝不会被对手击倒。但最近，伯兰特开始担心起来。在最近的一场比赛中，他打了十一个回合才将挑战者击倒。除此之外，还有那个总是想要跟他一较高下的年轻力壮的莫里亚蒂。那孩子看起来很强悍，甚至有点太强悍了。伯兰特开始心生疑虑，不知自己是否能遵守对母亲的承诺，连续十年稳坐冠军宝座。他发现，自己越来越容易将恐惧想象成空拳练习的对象，只见恐惧身手敏捷地虚晃假动作，左躲右闪、迂回闪身，招招都有可能把他击倒在场上。

一定程度、可控的恐惧对我们有益，能够让我们保持警醒。然而，失控的恐惧，也就是钳制我们行动的恐惧，会让我们步履维艰。只要被恐惧控制，我们就会束手无策，而这也会让伦理生活变得困难重重，甚至无可企及。因为，只有自由的人才能过上伦理生活，一个受制于恐惧的人的自由是打了折扣的。想要疗愈失控的恐惧，就要靠坚毅这一美德。

坚毅是一种美德。美德是一种神奇的力量，一种能为我们赋能的难以撼动的能力，不仅能增强我们的意志，还能让我们的行为契合对于好与善的认知。我们知道，伦理生活是一种平衡的生活，一种从行为上避免极端过度或不足的生活。所谓的坚毅或勇气是一种中庸之道，介于代表极端不足的怯懦和极端过度的鲁莽之间。怯懦的人过于关注恐惧，在明明该去做正确的事情时无动于衷。鲁莽的人则对恐惧缺乏足够的重视，不顾其正当的警告草率行事。即便鲁莽的人能设法挺过难关，仓促行事也往往会让情况变得更糟。真正拥有勇气的人，懂得对极端的胆怯和鲁莽避而远之。

坚毅并不能消除恐惧，但可以驯服恐惧，使恐惧易于控制。这样一来，我们便能够拿出果断的行动，这不是因为我们无所畏惧，而是因为我们克服了畏惧。我们倾向于把勇气与头条新闻中的英雄事迹联系在一起，但大多数人在平日里需要表现出来的勇气是"面对困境而不被吓倒，遇事能够为所应为"，这种勇气不会见诸新闻，也常常被忽视。那些无怨无悔、默默承受着无力摆脱或控制的身心之害的人，展现出了最伟大的勇气。这些人的身体可能受了损伤，但精神没有被打垮。这些人才是道德上的巨人。

我们的拳击手伯特兰不妨向斯多葛学派取取经，努力培养一种冷静的坚毅，坦然学会好坏兼收。伯特兰应该尽最大努力兑现对母亲的庄严承诺，但如果付出全力后仍然无法实现承诺，他就只能无怨无悔地接受现实，并学会失败而不溃败。而杰罗姆呢？他最担心的事情果然发生了：詹妮弗向他的死党克雷格投去的羞怯目光果然是在暗送秋波，最终，两人走到了一起。爱而不得之所以没有让杰罗姆自怨自艾，是因为勇气在其中扮演了至关重要的角色。

大家可能会认为，杰罗姆和伯特兰的案例，不能代表最典型的伦理问题。至少从我们的角度来看，事情的确如此。但是，置身具体情境的当事人究竟需要多大的勇气，事不关己的旁观者很少会有充分的认识。衡量勇气时，必须考虑到个体各不相同的心理因素。

面对一种情境，杰森可能无须调动什么勇气就能应对；但这种情境对于弗农来说可能是一大挑战，他需要鼓起所有的勇气，才能勇敢应对。

担忧是恐惧的一种较轻的形式，处理担忧最有效的方法，就是不要给予任何关注。在我们的各种心理活动中，担忧是最无用的一种，也无疑是最耗人精力的一种。担忧会使得墨菲定律[①]显得万无一失，让人将未来的不确定事件视为注定发生的确定事件，且认定这种确定事件肯定是糟糕的。有人可能会想起拉什祖母的一首温馨熟悉的小调："担忧就像在摇椅上摇啊摇，无论怎么摇，哪儿也去不了。"

---

① 一种心理学效应，由美国工程师爱德华·墨菲提出，即事情往往会向所想到的不好的方向发展，而且会往所想到的最坏的情况发展。

第三十四章

伦理与习惯

　　总体来说，想要合乎伦理和道德高尚，养成良好的习惯非常重要。我们之所以说丹是个好人，是因为他能够持续稳定地表现出良好的品行，即他的行为方式具有固定的模式。他昨天是个好人，今天是个好人，且我们有充分的理由相信他明天也是个好人。在这件事上，我们可以做到十拿九稳。萨莉也能担得起同样的赞誉，如果说世界上真有好人，那非她莫属。她的好与善不但持久，而且稳定。之所以认为她是个好人，不是因为她偶尔表现出的行为，而是因为她的习惯。对我们来说，她对待生活的态度始终如一，为我们树立了一个好榜样。

　　优秀的人在行为方式上具有清晰明显的稳定性。这种稳定性从何而来？答案是"习惯"。我们已经看到，在伦理学中，对好与善的认识不足以确保良好的品行。我们不仅需要具备知识，还需要根据我们的知识迅速、有效、轻松地采取行动。习惯给我们提供了这样做的条件，因为习惯能够支撑我们的意愿，促使知行合一。也就是说，智识与意愿结为伙伴，携手共进。

围绕伦理生活建立起来的习惯自然就是道德习惯，这些习惯支配着各种可被评为道德高尚或败坏的行为，这一点无须赘述。良好的道德习惯能够帮助我们在行为上遵守道德，确保我们在道德领域表现良好，就像运动习惯能够保证我们在某种运动中表现良好一样。从道德和身体习惯的基本结构、形成和变化来看，二者具有很多共同之处。

音乐家因习惯而积累艺术造诣，同样，我们也因习惯而达成高尚的道德。就像一遍一遍地练习弹琴一样，习惯就是让某种活动在我们体内深深扎根。对于维多利亚来说，弹钢琴不仅是一件必须做的杂事，而且承载着她的身份，表明她通过不懈的努力成了自己想成为的人——一个艺术家。彼得是个好人，也会弹钢琴，但至少从严格意义上来讲，我们不会称他为钢琴家，也绝对不会称他为艺术家，因为他缺乏艺术家的习惯。与音乐的艺术性相对应，道德也具有其艺术性（称为美德），而习惯则是二者的根源。

伦理学赋予了习惯至关重要的地位，而这也凸显了伦理学作为一门实用学科的特点。我们必须以好与善的知识为出发点，但也必须超越纯粹的知识，学会根据知识行动，使这种知识最终融为我们的一部分，定义我们的身份。正如维多利亚必须让自己习惯弹奏美好的音乐，我们也必须努力让自己习惯践行美好的道德。就如音乐之于她一样，道德的良善也必须成为我们的第二天性。

我们已完全习惯了使用语言，尤其是我们的母语。大多数英文读者在很小的时候就习惯了说英语，以至于记不得这种习惯是怎么养成的。习惯成自然，到了现在，我们大多数的时候已然意识不到自己在说英语。说话成了一项我们长期坚持且不费吹灰之力的活动。这，就是习惯所带来的巨大收益。

在成年后用心学习第二语言的读者都知道，养成一种新的语言习惯是很困难的。《轻松学俄语》《傻瓜丹麦语》和《懒人冰岛语》，这样的书籍和节目标题会让人误以为学习语言易如反掌，但是你会发现，学习第二语言没有捷径，需要投入大量的时间和精力。所有习惯的形成都是如此。当曾经完全看不懂的一组组词语突然间变得有了意义，当你口语的流利程度连自己都感到惊讶时，你就知道，自己在新语言的学习上取得了进步，这种习惯正在慢慢养成。

尽管身体和道德习惯的形成具有相似之处，但身体习惯是不会自动转化为道德习惯的。在这里，我们讨论的是两个完全不同的领域，对于同一个人而言，不同习惯的形成过程可能存在着巨大的差异。我前面提到过这样一种情况，一位颇有成就的演员，一位伟大的表演艺术家，尽管在戏剧方面很有才能，但作为一个人还有很多地方需要改进。他在舞台上的表演虽然能够引得观众为他欢呼，但那些了解他平时做派的人却不愿为他鼓一下掌。

第三十五章

细谈习惯

我们可以把习惯简洁地分为好、坏两种。无论是好习惯还是坏习惯，其形成的方式都是一样的。在伦理学中，我们主要关注道德习惯。其中，我们将好习惯称为美德，将坏习惯称为恶习。我们对两者都很关注。

习惯形成的过程非常简单，可以概括为"用心重复"这四个字。少年棒球联盟的汤米是湾街斗牛犬队的中外野手。他是一名优秀的击球手，脚步敏捷，没有他接不住的飞球，但滚地球是他的致命弱点。[①]汤米的教练意识到了这个问题，有一天，他与汤米坐下来讨论这个问题，教他如何为外野手处理滚地球。"双眼要紧盯着棒球，首先考虑如何接到球，而不是在接到球之后要怎么做；从球后而不是侧面接球；单膝跪地，这样一来，就算手没有接住，你的身体也能挡住球。"接下来连续几天，教练都会把汤米拉到一边，

---

① 内外野守的一个功能，便是直接截获滚地球，迅速长传给各个垒位，防止跑垒员继续跑垒。

一个接一个地给他打滚地球。随着这些个人练习，汤米稳步进步，失误越来越少，且不会漏掉任何一个滚地球。终于，经过两周的训练，汤米虽然还没有达到威利·梅斯[①]的境界，但在处理滚地球方面已经相当纯熟。好习惯的基础，也随之奠定。那么，汤米的诀窍是什么呢？答案就是对某种行为进行用心的重复。

对你而言，学习如何处理滚地球或许并不那么重要，但是，从基本原则而言，这种习惯与其他任何身体和道德的习惯相比，并没有什么区别。首先，你必须对要采取的正确行为有所了解，然后便是更重要的部分：用心重复这些行为，直到它们在你的心中根深蒂固，达到几乎可以自然而然执行的程度。重复是习惯形成的核心，但要想有效，不能只机械地重复，而必须警觉而专注地重复。你必须密切关注正在做的事情，记住正确的方法，不允许自己在行动期间懒散或马虎，并对犯下的错误及时弥补。意志因素非常重要。你必须打心底想要养成这种习惯才行。在这件事上，优柔寡断、犹豫不决和三心二意是不可取的。只有那些愿意全身心投入的人，才能取得成功。想要拥有坚持到底的毅力，就要做到一以贯之。

道德习惯指的是那些让我们变得更好的习惯，不单要成为更优秀的中外野手、钢琴家或面包师，更要成为更好的人。道德习惯能够调整我们的生活方式，让我们通过行为激发出本性中最好的一面。好与善的人是一切道德习惯指向的目标。我们能不能更加精准

---

① 美国职业棒球传奇外野手。

地定义"好与善的人"呢？我们可以考虑如慷慨这种被广泛视为积极的品质。一个好与善的人除了其他积极品质之外，还需要具有慷慨的品质，比起索取，这种人更加重视给予。

但是这时我听到，大厅后排传来了一声尖锐的反对声。"那么，"反对者问道，"那些慷慨过头的人呢？我们不会把这样的人称为好人，对吧？""应该不会，"我对反对者说，"而且，我们的犹豫是对的。在我们眼中，什么样的人算是慷慨过头呢？难道不该是一个在分配自己的资源时挥霍无度、毫无节制的人吗？在给予时，他轻率而鲁莽，缺乏健全的判断力。这么说来，这样的人无法称得上真正的慷慨，因为与其他美德一样，慷慨总是带有理性的烙印，并会通过适度有节的行为表现出来。"

人们普遍认为，慷慨是一种积极的人类特质，是我们期望在好与善之人身上找到的特质。除此之外，若说慷慨的习惯是一种显著的道德资产，也很少会有人表示反对。让我们来看看格斯的例子。格斯有各种缺点，其中之一就是对于慷慨的明显匮乏。他很需要养成这种习惯。那么，该如何养成呢？从纯粹实操的角度来看，他必须学习那位敬业的少年联盟棒球球员汤米，养成用心重复的习惯。格斯必须集中注意力实践慷慨的行为，而不是把精力放在接住滚地球这种事情上。他必须留心，不能放过任何彰显慷慨的机会。更重要的是，他必须努力为表现慷慨创造机会。对于格斯来说，培养习惯的早期阶段或许并不容易。毕竟，这是一种他本不具备的习惯。但是，一旦坚持下去，慷慨之举对他而言将变得越来越容易。就这样，一个崭新的格斯便会出现在我们眼前，这位豪爽的小伙会让我们耳目一新。

在养成良好的道德习惯时，没有人会完全从零开始。人人都具有一定自然的习性，这就是我们的原材料。这些习性是我们性格的产物，鉴于其好与坏，我们对这些习性要么顺从，要么抵抗。为了阐述这一点，让我拿贝尔德和芭芭拉这两个例子来说明，与上文相同，这两个例子都与培养慷慨的习惯有关。贝尔德生性吝啬，他对此心知肚明，而且很不满意，决心要做点什么。由于生性吝啬，他必须付出额外的努力才能成为一个慷慨的人，他不仅要种下有益的绿植（慷慨），还要铲除一些有害的杂草（吝啬）。但他还是兴致勃勃地投入行动，并最终成功养成了慷慨大方的美德。

芭芭拉的性格恰好相反，她是那种天性慷慨大方的人，仿佛生来就是如此。还是个小女孩的时候，她那随心所欲的宽宏大量就给父母添了不少麻烦。"芭芭拉，你的芭比娃娃呢？""我给朵拉了。""芭芭拉，你的三轮车呢？""我给史蒂夫了。"由于天性慷慨，对她来说，养成慷慨的习惯要相对容易些。

但是，你可能会想，如果芭芭拉天生慷慨大方，她为什么要费劲去养成这个习惯呢？这是因为，一种或好或坏的天生性格，不同于一种或好或坏的后天习惯。二者之间的关键区别在于，天生的性格只是我们被赋予的一种东西，可以称为我们基因组中的一部分。从另一方面来说，后天的习惯则是我们通过有意的努力获得的。像芭芭拉这样天生慷慨大方的人也必须养成慷慨大方的习惯，这是因为，习惯显然要比性格更加可靠。在必要的时候，某种积极的性格不一定能够按需表现出来，而完全取决于有此性格的人当下的心情。在用"喜怒无常"来形容某人时，我们意在说这个人的行为不稳定且不可预测。如果芭芭拉只能依顺自己天生的性格，她便会在愿意时慷慨，不愿意时便不慷慨。但一旦养成了慷慨的习惯，芭芭拉行为中的不稳定因素就消失了。这样一来，她的慷慨就变得持续和稳定起来。除此之外，还有另一个因素：如果芭芭拉从未培养慷慨这一美德，她很可能最终成为上文中讨论过的"慷慨过头"的人。

就其本身而言，自然的天性和后天的性格在道德上并没有积极、消极之分。我们加以利用的方式，才会为之赋予道德色彩。我们的道德地位取决于自由选择，而与生俱来的性格是不能自由选择的。贝尔德的吝啬天性不足以将他归为一个坏人，芭芭拉慷慨大方的天性也并不说明她是一个绝对意义上的好人。如果贝尔德有意识地屈服于自己的弱点，并久而久之地养成习惯，他的道德地位便会受到质疑。如果芭芭拉逐渐养成慷慨的习惯，那就无异于为自己积极的天性加固上锁，成为一个不折不扣的好人。

对我们所有人来说，与生俱来的秉性如同一个大杂烩，既有积极的一面，也有消极的一面。让我们再从原材料的角度进行思考。当然，理想的情况是让自己习惯积极的特质，剔除消极的特质，或者至少把消极特质置于尽可能严格的控制之下。贝尔德虽然背负着吝啬这一负面的天性，但所幸他天生就很有勇气，所以养成勇敢的习惯对他而言并不是一件难事。另一方面，对于芭芭拉来说，养成慷慨大方的习惯虽然轻而易举，但勇敢行事对她来说是巨大的挑战，这是因为，她天性是一个胆小怕事的人，很容易受到恐惧的影响。

在此简单说明一下习惯的保持。一个好习惯一旦养成，除非持续保持，否则便无法长久存在。想要保持习惯，就需要不断认真自觉地执行那些最初促进习惯养成的行为。在好习惯这件事上，我们永远也不能满足于自己已经获得的成就，永远不要让自己认为，一旦完成了任务，我们就不必花费精力了。维多利亚是一位出色的钢琴家，但除非她不断练习，否则将无法维持自己的水平。熟能生巧，这道理我们都懂。我认识的一位颇有成就的音乐家，对这句神圣的格言进行了更加贴切的修改："用心熟悉，才能生巧。"这句话也适用于道德习惯，因为如果想要保持这些习惯，我们就要做到坚持不懈。如果贝尔德和芭芭拉不持续表现出慷慨的行为，就无法稳固地维持慷慨的习惯。

第三十六章
习惯的破除

毋庸置疑，我们只想破除坏习惯。坏的道德习惯是一种积重难返的性情，会阻碍我们达到作为人类应该达到的境界。坏习惯是有意且自愿形成的，如果不是如此，便称不上习惯。所谓坏习惯，就是通过不断重复不良行为形成的。埃德温娜明知故犯地撒了很多谎，成了一个惯常的说谎者。无论是道德良善还是邪恶的人，其形成都并非偶然的结果。在这件事情上，我们掌握着很大的主动权。

从本质上来说，或好或坏的道德习惯都是通过用心重复某种行为的方式形成的，但两者之间的区别在于，坏习惯更多是无意间习得，而不是主动养成的。换句话说，坏习惯更多是粗心大意而不是深思熟虑的结果。为了帮助大家理解坏习惯的养成，不妨用身体习惯做类比。大多数不良的身体习惯似乎在不知不觉间朝我们靠近，而我们往往只有在完全被坏习惯控制之后才会幡然醒悟。一位职业高尔夫球手可能会养成一种不良的身体习惯，对比赛产生不利影响，但这八成不是他有意为之的结果。

就其本身而言，坏的道德习惯需要我们承担道德责任。无论在习惯的形成上下了多少功夫，只有在当事人充分意识到其行为的性质和影响时，才有充分的理由对这些行为负有道德责任。再次强调，只有在对造成自己道德败坏的不良行为担负道德责任时，才能被视为道德败坏。

我们只需提醒自己是什么导致了坏习惯，就能掌握摆脱坏习惯的关键。坏习惯是通过不断重复坏行为形成的，因此，如果我们想要改掉这些习惯，首先要做的就是停止那些导致坏习惯的行为。从积极的方面来看，这样一来，我们就可以开始执行一个新的计划，实施与过去习以为常的坏行为相反的好行为。

在上文中，我曾简单举过撒谎成性的埃德温娜的例子。一天，她坐在美容院里懒洋洋地翻看杂志，等着做头发。冷不丁地，她在椅子上坐直了身子，合上杂志，大声宣布："我受够了！再也忍不了了！我要改变我的生活！"引得大家纷纷投去异样的目光。在那个重要时刻，埃德温娜顿悟了。她当即决定，自己已经受够了撒谎这种庸俗之举，不想再做一位说谎者，而要成为一个实话实说的人。她说到做到。这项任务对她而言绝非易事，但她要遵循的方法简单明了。首先，她必须彻底停止撒谎。这一点非常困难，她毕竟已经撒谎成性，也就是说，她对撒谎这件事已经驾轻就熟。有的时候，花言巧语已经到了嘴边，但她必须保持沉默，不说出口。有的时候，由于来不及刹车，一两个小谎便脱口而出，但她最终还是控制住了大局。这个计划给她带来的积极影响是，在与他人打交道时，埃德温娜会努力做到真诚。这虽然花了一段时间，但她为摆脱消极道德习惯而付出的努力最终取得了成果。最终，埃德温娜成了一个诚实的女人，非常可靠且值得信赖。

无论我们在人生的哪个阶段发现自己需要认真对待伦理生活（可能是生命中的任意一个阶段），即便那时的我们还很年轻，身后也已经积累了一段历史，尽管这段历史可能相对短暂，在开启追求善与美的伟大人性之旅时，我们也必须考虑到这段历史。在人生的游戏中，我们很早便会开始形成习惯，这些习惯有好有坏。或许是因为我们在人生的早期比较容易受到影响，早年形成的习惯似乎比日后形成的更加根深蒂固。如果这些习惯是积极的，那么这当然是好事；可如果这些习惯是消极的，那就有些不妙了。

对我们早年形成的不良的道德习惯采取过于悲观的态度，认为这些习惯根本无法根除，从而导致我们一生都要在道德之路上跌跌撞撞，这种心态的危害不言而喻。当然，如果认为根除从小养成的坏习惯是件易事，这显然不现实；但认为这些习惯无法补救，则落入了宿命论的陷阱。众所周知，就算是早年养成的良好的道德习惯也有可能被磨平。因此从逻辑上来讲，也没有什么能够阻止人们摆脱早年养成的坏习惯。这样的思考自然会指向某种教育的助力，这种教育不仅局限于智识的发展，还着眼于完整的人性，并力求为世界培养兼备良好道德和智识习惯，既聪明又有美德的年轻人。

第三十七章

美德

　　美德是伦理学对于良好道德习惯的称呼，不良的道德习惯则统称为恶习。二者都是习惯，因此美德和恶习都带有持久性的标签，而是福是祸则取决于具体道德习惯的性质。美德和恶习是道德个体的稳定状态，而不是其生命中转瞬即逝的阶段。由此产生出我们口中的好人或恶人，而判断的标准，便是他们所习惯的行为。

　　英语中表示"美德"的"virtue"一词，源于拉丁语的"virtus"，该词的一个基本含义为"力量"。如此说来，美德是一种特殊的力量，能让人以符合人类理性的方式始终如一、得心应手地行动。美德是一种习惯，一种根深蒂固的性格，因此对于有美德的人来说，美德总是唾手可得的，在需要的时候就可以被召唤出来。美德能够指导行为，准确来说是指导正确的行为，而这，就是美德最重要的特点。我们能够通过行为来辨识出拥有美德之人，并从这种认知中受益良多。想要对美德有更多的了解，我们就要观察有美德的人的行为，而不是通过阅读世界上所有的伦理书籍，这本书也包括在内。

再次强调，持久性是美德的一大关键特征，但这并不意味着有美德的人在诚信正直的生活中从不犯错。当他们犯错时，这种行为与其性格存在偏差，因此我们不能断定他们丢失了美德。当一名明星橄榄球四分卫在一场比赛中投出的球两次被人断下，即便其中一个球被对方断球达阵，我们也不会武断地将他拉下明星球员的高台。即便是职业选手，也有诸事不顺的时候。同样，一个有道德的人也会不小心跌跤，做出不道德的事情来，但这种不道德的行为并不会剥夺他作为有美德的人的属性。好习惯不会因一次恶行而被摧毁，正如一个好的行为不足以养成好习惯一样。一个有美德的人习惯于美德，这种习惯会让他在堕落后重新振作起来。同样的原则也适用于那位四分卫，那两次断球让他在球场上度过了糟糕的一日。但接下来的一周，他却投出了五次达阵，跑出一百多码①的距离，并带领球队大获全胜，把对手打得落花流水。只要保有习惯，你就一定能够重整旗鼓。

良好的道德美德有千千万万，这些都是必定能够引出良好行为的好习惯，其中，在伦理学中享有特殊地位的美德有四种。这些美德被称为基本美德，即谨慎、公正、勇气和节制。它们之所以占据重要地位，是因为这些都是最基本的道德美德，涵盖了伦理生活的每一个主要方面。之所以被视为最基本的美德，是因为所有其他

---

① 一百码约等于九十一米。

道德美德都源于基本美德，是对于基本美德的各种具体表达。举例来说，理解是谨慎的一种具体表达，而坚持则是勇气的一种具体表达。几个世纪以来，基本美德一直在伦理思想中扮演着重要的角色，古罗马政治家、哲学家兼著名演说家西塞罗①就给我们留下了一些颇有价值的言论。

这些基本美德中的每一种都值得我们在此进行简短的描述。此处的"基本"在英文中用"cardinal"表示（cardo在拉丁语中有"铰链"的意思），指代所有其他美德所依赖的基础。谨慎是基本美德中的重中之重，不仅如此，谨慎还支配着所有的道德美德，因此是所有道德美德中的重中之重。谨慎能够让我们更加清晰而果断地思考有关道德的一切问题。谨慎的人会仔细挑选，去做正确的事，避免错误的事。谨慎等同于道德领域中的理性。想要有合乎道德的行为，就要遵守理性行事，而想要遵循理性，就离不开谨慎这一美德。

大众的头脑中存在一种倾向，想要将谨慎简化为"精心规划的小心"，因此会告诉别人，所谓"谨慎行事"，可以被理解为"小心前进，注意言辞，不要做出任何可能危及你的地位的事情"。虽然小心可以被视为谨慎的一部分，但绝不是谨慎的全部。谨慎涉及的范围包罗万象，所谓谨慎行事，意味着拥有全面而广泛的道德

---

① 马尔库斯·图利乌斯·西塞罗（公元前106—公元前43），古罗马著名政治家、哲学家、演说家。代表作《论法律》，并在《论义务》中提出四大美德，分别是谨慎、公正、勇气和节制。

智慧。

公正是一种社会美德，指引我们在日常生活中公平而公正地对待彼此，与自私的个人主义绝对不相容。从传统意义上来说，公正的定义是"给予每个人应得的"，也就是说，通过一切所需的途径，向任何人付出我们亏欠对方的部分。公正最基本的义务，便是单纯出于每个人生而为人的身份而给予其应有的尊重。有的时候，确定在具体条件和不同情况下应向他人付出什么，是相当有挑战性的。在做出这些决定时，我们往往需要利用谨慎达到公正。根据与他人各种各样的关系，公正的人有一种敏锐的责任感，将对方分为同伴，依赖自己的人（如孩子或雇员），以及那些对自己拥有正当权威，因此理应抱以相应尊重和衷心的人。我们在前文中看到，刚毅是一种美德，让我们能够在面对恐惧情绪可能造成的阻碍时，以好与善为出发点，拿出应有的行为。正如我们所看到的，恐惧的本质，就是在面对难以实现的好与善或难以避免的坏与恶时，对有效行为的能力抱以怀疑。在适当的管控下，恐惧有助于刺激我们拿出有效的行动，一旦脱离了理性的控制而成为生活中的主导因素，恐惧则会削减我们有效行动的能力，甚至让我们寸步难行。困扰我们的恐惧多种多样，试图诱导我们偏离目标，想要拿出正确的行动，就要靠刚毅这种美德。刚毅虽然不能消除恐惧，但可以驯化恐惧，防止恐惧失控。刚毅有很多种形式，如前文所述，耐心是其中威力最大的一种。耐心能让我们忍受无法逃脱的邪恶，同时坚持不被邪恶击垮。

美德的一个作用，就在于让我们有能力避免极端的行为，在不足的行为（做得不够）和过度的行为（做得过火）之间取得平衡。无论是不足还是过度，我们都没能通过必要的方法去应对环境。节制是基本美德中的第四种，旨在为我们提供必要的条件，让我们在拥有快乐这一元素的基础上达成平衡的生活。将快乐当作是否行动的唯一依据是一种极端；把快乐当作一种彻头彻尾的恶以及伦理生活本身的对立面，这也是另一种极端，而有节制的人能够对这两种极端避而远之。因为节制这种美德认为，快乐与行为是密不可分的，所以它会将关注点放在行为上，并根据导致快乐的行为的善恶来确定快乐的善恶。

　　这些道德美德是相辅相成的，在缺少其他美德的情况下，我们无法真正拥有其中任何一种美德。作为道德主体的所有人类个体，都是不可分割的整体。鉴于美德与人的关系，从心理学的角度来看，一个人绝对公正，但同时又完全缺乏刚毅和节制，这样的说法是不可想的。鉴于谨慎作为美德之王的特殊地位，如果一个人拥有了谨慎，便也完全拥有了其他所有的美德。对于这样一个人而言，掌握每种美德的程度是否也完全相同呢？答案是不相同，但是对于这样一个人来说，完全缺失某种美德的情况也不可能出现。

第三十八章
自由和责任

出于自由意志的重要性，请允许我用拉丁语强调，自由意志是伦理学的一个"conditio sine qua non"，也就是一个绝对不可或缺的"必要条件"。用更简单且简洁的话来说就是：没有自由，就没有伦理。就像马和马车的结合一样，我们不可能只拥有二者之一（道德），而缺失其二（自由）。这是一个显而易见的理念，或者至少应该如此。然而，显而易见的理念，却通常因为看似浅显而被我们忽视。

责任与自由相辅相成。支撑敏锐责任感底层的基础和动力，是一种明确的认识：由于我们是自己行为的根源，所以要对自己的行为负责。如果我所做的任何行为都是上文所定义的自愿行为，也就是说，我确切地知道自己在进行某种特定行为，也明显是自愿而为，那么我就必须为这个行为承担责任，不管是好是坏。如果这是一种不良行为，那么我必须羞愧地低下头，接受责备。然而，如果这恰巧是一种值得赞扬的行为，那么面对可能给予我的赞美，我也不必因为害怕被冲昏了头脑而不愿大方接受。

无论获得的是赞美还是责备，这些都是自发的、完全自然的反应，是对人类责任这一事实应有的尊重，而人类责任又是建立在人类自由这一更为根本的事实之上的。至少从某些不太体面的心理出发，我们巴不得自己只享受自由，而不必承担责任。然而，自由和责任要么并存，要么玉石俱焚。在做正确的事情时，我几乎会毫不犹豫地宣称自己是一个负责任的道德主体。但把事情搞得一团糟时，我却想逃避责任，而人的自由的概念也会摇身一变，成了需通过严肃探讨才能证明存在与否的哲学问题。

我并不是在否认道德主体能够产生的因果效应，但我认为，人的行为牵扯的因果关系是个复杂的问题。诚然，你们可以说我是产生某种可疑行为必要的直接原因，但我微不足道的行为，只是漫长而复杂的原因网络中的最后一环。从科学的视角来看，这一原因网络才应该是我们关注的焦点。沿着这个论点继续探讨下去，如果对我的行为进行清醒而冷静的分析，便会得出这样的结果：我不应该为我的行为负责，至少不应该以任何狭隘、排他的方式负责。如果说了这么多，各位仍坚持要把责任推卸给我怎么办？那也就只好如此。但这样做会把我在此推荐的分析方法推向逻辑的终点。如果我们追根究底，我的错误行为最终要归咎于宇宙大爆炸。

著名的"简约原则"——奥卡姆剃刀原理①具有一定的科学性，

---

① 由出生于14世纪英国奥卡姆的圣方济各会修士威廉提出。主张"如无必要，勿增实体"，讲究避重就轻，避繁就简。

也能对我们讨论的问题有所帮助。对任何给定现象的两种可能的解释，在其他条件相同的情况下，明智的做法是选择其中较为简单的一项。假设有三十六个人看到弗里蒙特在进行某种行为，为了对这一事实做出合理的解释，他们可以否认弗里蒙特是一个自由行为者，肯定他的行为完全是由他无法控制的力量决定的，然后推出导致弗里蒙特做出该行为的所有假定的非人为原因，一一细数，并进行猜测；抑或，他们也可以谨慎地提出，对弗里蒙特这种行为的最佳解释是他选择了这样做，因此他要为自己的行为负责——如奥卡姆剃刀原理般干净利落。

我们真的不用为自己的行为负责吗？如果这些行为有负面影响，我们不应受到谴责吗？有些理论家坚称，事实确实如此。但是，我们不能不注意到，理论与实践在实际生活中往往存在差异。彭根特教授会郑重其事地保证我们不必为自己的行为负责，但你可以试着找个时机踩一下教授的脚趾，看看会发生什么。这么一来，你便成了他发泄怒气的直接对象，他会劈头盖脸地谴责你，而你试图向他解释，魔鬼才是你行为的罪魁祸首。

我们总在指责别人做错了事：游击手把球投错了垒，错过了双杀；双簧管演奏者吹错了音，小提琴手晚进了一拍；气象学家的预测与实际天气差得太远；演讲者宣扬虚假的教义或空洞的说教；诗人创作出招人厌恶、让人转眼就忘的文学作品；水管工没有修好漏水的水管；哲学家故弄玄虚；政治家一副政客嘴脸；诸如此类。偶然碰到我们宽宏大量或心怀谦卑忏悔之情的时候，我们甚至会自愿把一些事情怪在自己身上。想想看，如果把所有指责的话语都删除掉，我们的语言会变得多么苍白无力，我们的对话会变得多么枯燥无味，能说的话所剩无几。想要证明我们已将所有负面评判从脑海中清除，只有一种可能：那就是我们拥有了一种焕然一新的理念，认为世界上的每件事和每一个人都完美无缺、无懈可击，让我们没有挑刺的理由，只能对每件事和每个人都说好听的话。

显然，表扬和责备都有被误用的可能。罪人可能误得赞美，圣徒可能误被责备，但这并不能说明这些赞美和责备在正常情况下的对错。一种算法不能因为某个能力欠缺之人的错误使用而遭到否定。对于一些人理应受到谴责的行为，我们有权使用语言进行指责。每一次对令人发指的行为进行谴责，我们不仅证实了人的责任的存在，也证实了支撑人的责任的——人的自由。

话虽如此，我在后排看到有人在疯狂挥手。我邀请这位跃跃欲试的举手人发言。

"我想说的是，"他表示，"与你在这里的暗示相反，我偏偏不相信有坏人这种东西。"

"您相信有不良行为这回事吗？"我问道。

"说到不良的行为，没错，我相信。"他回答道。

"但您不相信有坏人？"我问。

"不相信。"他回答。

"对于这个问题，您还有什么要发表的意见吗？"我问。

"没有了。"他回答道。

对上述对话做一个简短的评论。我只想提出这样一个命题：果的特殊性质，只能通过因的同种特殊性质来解释。如果我们讨论的原因是一个人类主体，那么该主体习惯性执行的动作就会在主体身上留下某种标志。例如，我们称习惯拉大提琴的人为大提琴手，称习惯写小说的人为小说家。因此，称一个习惯做坏事的人（请注意"习惯"二字）为坏人，似乎并不完全违反逻辑或语言。在为这种说法辩护时，我并不是说坏人天生就是坏人，而是说坏人的行为使之成为坏人。我并不是说"坏人"这种不理想的地位是永久的或不可撤销的，而是说这是真实存在的，而且只要习惯性的不良行为继续下去，拥有这种地位的人就会一直保持这种地位。

当我们彻底而充分地意识到自己是负责任的道德主体时，我们的行动就会受到一种敏锐而持久的"应该"意识的激励和鞭策。无论我们走到哪里，无论我们做什么，肩上都背负着责任。然而幸运的是，责任是一种使承担者越变越强而不是越来越弱的东西。做我们真正该做的事，就是按照我们真正的本性行事：我们是理性的生物，我们的自由是为理性服务的。

第三十九章

权利

很少有人对认定属于自己的权利抱以不敏感或不捍卫的态度。什么是权利？我们不妨事先说明，如同美德一样，权利也为个人所有。然而，所有的自然美德都是我们经过认真不懈的努力而获得的，而权利，或者至少说最重要的权利，则是纯粹被赠予的。我们之所以拥有权利，仅仅因为我们是人类。一般来说，权利可以称为一种以特定方式行事的特权和能力。例如，言论自由权就是一种特权和能力，它使我们能够在公共场合运用自己的语言能力传播或捍卫真理。

自然权利和公民权利是权利的两种基本形式。顾名思义，自然权利就是我们与生俱来的权利。我们生来拥有自然权利，因此，这些权利是人类标准配置中的一部分。这些就是上文中提到的"纯粹的赠予"。因为，自然权利是我们作为人类不可缺少的一部分，如果认为这些权利可以被任何个人或人类机构所赋予或剥夺，那就大错特错了。

当托马斯·杰斐逊在《独立宣言》中引用"生命、自由和追求幸福"的三大权利时，他所指的便是自然权利。当他表明这些属于人类的权利被"造物主赋予"时，他便是在提醒人们注意这样一个事实，即这些权利的来源并不属于任何人类机构；当他把这些权利定义为"不可剥夺"时，他意在说明这些权利是不能从我们身上夺走的。杰斐逊把生命权放在首位，这并非偶然，而是因为生命权是最基本的自然权利。如果生命权没有得到尊重，那么其他权利当然也就自动失效了。

自然权利和公民权利的主要区别在于，与前者不同，后者实际上是由某种人类机构赋予我们的。我虽然在明尼苏达州开启了自己在俗世的职业生涯，但并非生来就有在明尼苏达州公民选举中投票的权利。这种选举权，是由美国大陆相连的四十八个州中最北部州①的有关当局授予我的，而且是在我满足了若干特定条件之后。我并非生来就有在美国的大街上驾驶机动车辆的权利，这是我必须靠努力换来的。我需要通过考试，证明我对相关交通法规拥有足够的理论知识，还需证明我拥有足够的实践知识，有能力在不过分危及同胞生命和身体的前提下进行驾驶。

自然权利和公民权利之间存在着紧密的联系，自然权利是公民权利的源头和基础。真正的自然权利，必定是真实存在的。然而对于公民权利而言，情况却并非如此，因为公民权利即便拥有社会赋

---

① 美国大陆最北端位于明尼苏达州。

予的合法地位，也仍然可能是虚假的。如果某种所谓的公民权利与任何自然权利都没有明显的联系，便可算是虚假甚至虚构的。

凌晨两点，沃尔特打开了公寓的窗户，把他那高级音响系统中声音震天的扬声器放在窗台上，然后开始播放贝多芬的第九交响曲，并把音量调到最大。这在沃尔特那些睡眼惺忪的邻居中引起了不小的恐慌。当警察赶到现场时，沃尔特平静地向他们解释了他的立场，引用了托马斯·杰斐逊的主张："我采取的行动，只是在行使追求幸福的不可剥夺的自然权利，在凌晨两点，从全球各地的屋顶上用最大音量播放贝多芬的曲目，这就是我对幸福的认知。"说来也巧，与沃尔特谈话的那位警察正好在大学里学过逻辑学，于是很快指出了沃尔特的推理中存在的一些谬误。警察恰如其分地将沃尔特主张的权利称为"随心所欲肆意扰乱治安的权利"，这种权利完全是虚构的。因此，这种行为不能作为沃尔特追求幸福的自然权利的合理推论。沃尔特保证不再犯同样的错误，没有因扰乱治安收到传票，而是受到了警告的从轻处理。

如果我不能自由地行使某项权利，这项权利对我就没有实际的好处。然而，行使权利的自由并不是无条件的。没有任何自由是无条件的。首先，就上文的观点而言，我没有行使虚假权利，即不以自然权利为来源和基础的权利的自由。但是，我也并非能够不受限制地行使所有真正的权利，无论是自然权利还是公民权利。我的自由受到一个关键条件的制约，即我在行使任何权利的同时，不得侵犯他人的合法权利。沃尔特有权用他最先进的音响系统听任何喜欢的音乐，但不能因此侵犯到邻居晚上睡个好觉的权利。问题来了：哪种美德能保证我们在行使自己权利的同时不践踏他人的权利？答案是：谨慎。

在权利和责任之间，存在着最为密切的联系。首先，我们每个人都有责任正确行使自己的权利；其次，我们每个人也有责任承认和尊重他人的权利。权利可能被滥用，其中最明显的方式，就是在行使这些权利时侵犯到他人的权利。另外，有意超越合理行使这些权利所必须遵守的界限，也是对合法权利的滥用。例如，如果我习惯性地把车停在人行道上、晚上不开前灯，或是以几乎每小时一百五十公里的速度在公路上行驶，便是在滥用驾驶机动车的合法权利。

自然权利是我们与生俱来且不可剥夺的。你的生命权是他人绝对不能从你身上剥夺的，也就是说，我不能把生命权从你身上抢走。但是，不可剥夺的权利可能会遭到公然践踏。能否真正行使最基本的人权，很大程度上取决于其他人针对这项权利的态度。换句话说，我的一项最为庄严的责任在于：承认另一个人生命权的存在，而更重要的是尊重这一权利。对我来说，尊重一项权利意味着什么？答案是：我做的任何事情，都不会使这一权利的自由行使变得不可能或举步维艰。

适用于生命权的原则同时适用于所有真正的权利，无论是自然权利还是公民权利。一项不被尊重的权利，即自由行使受到阻碍的权利，实际上是形同虚设的。诚然，自然权利是不可剥夺的，但一项不能行使的不可剥夺的权利，只是有名无实而已。这是一种纸上谈兵的特权，一种徒劳无益的能力。这，就是我们在承认和尊重权利时需要对彼此承担的责任。

我们可以自由地行使我们的权利，如果不能自由行使，这些权利对我们就没有多大用处。但是，我们并不总是有义务行使这些权利，而这一事实正是与权利相关的自由的一个重要方面。出于正当理由，我们可以选择放弃自己的权利，或者在某些情况下采取危及这些权利的行动。例如，我们可以在不触犯道德的前提下，危及作为最基本自然权利的生命权。消防员冒着生命危险去拯救他人的生命，这不是自杀行为，而是勇气这一美德的体现。有意识地为他人牺牲自己的生命，放弃自己的生命权，以便他人继续自由地行使其生命权，在传统意义上，这是人类最高尚的行为。

第四十章

良知

一个有责任心的人，也就是一个有着健康良知的人，实际上就是谨慎之人。什么是健康的良知？这是否意味着，其对立面是所谓不健康的良知呢？答案是肯定的。

在所有与伦理生活相关的看似虚无缥缈的概念中，良知似乎是最让人费解的一个。这一概念涉及诸多问题，其中之一在于，我们倾向于把良知想象成我们心灵的伙伴，一种伴侣一般的精神，为我们提供友好的开导和建议，确保我们在正道上不脱轨。我们常说良心的"声音"，若用更诗意的说法，便是"内心深处一个微弱的声音"，仿佛这个声音属于别人。这并不是说我们应该放弃诗意的表达，不再提及良知的"声音"，而是说我们应该注意到，我们正在倾听的其实是我们自己的声音。

你的良知就是你自己，或者更准确地说，你的良知是正在进行某种特殊的心理活动的你。当你带着责任心行动时，也就是当你运用良知时，你便是在进行一种特定的心理活动并做出理智的判断。

这是一种评估性的决定，以此区分道德上的对与错。这，就是我们所说的良知的本质。那么，"跟随自己的良知"就是按照理智所划分的界线行事，做出道德上正确的决定，规避道德上错误的决定。

良知并非坚不可摧。良心的本质是一种理智的判断，我们当然不会说人类的智识判断不会出错，因此我们也不能合理地认为，在智识判断仅仅涉及道德问题时，也就是说，当判断的对象是良知时，情况会有所不同。我们不断对各种各样的事情做出智识上的判断，包括历史、政治、经济、艺术、体育、我们的职业、我们从事的生意，以及个人爱好等。我们敢断言这些判断是绝对正确的吗？我们总认为判断正确的次数要多于判断错误的次数，但我们知道，即使是对于自己了如指掌的非道德问题，我们有时也会大错特错。如果一般的智识判断都是如此，那就更没有什么能够阻止我们在判断道德良知问题上出错了。也就是说，在判断对与错时，我们也会出错。

当根据良知做出错误的判断时，从最基本的层面而言，便是没能正确地区分对与错。如果我习惯性地这样做，那么不必说，我肯定会被不健康的良知所困。也就是说，我缺失了谨慎的美德，这就意味着，在做出具体选择时，我会将表面上的良好误认为是真正的良好，将赝品当成真品。

我们必须始终遵循自己的良知，这是一句众所周知的道德箴言。在这件事上，我们没有任何选择的余地。如果要以道德主体的身份行事，我们就必须用理性来决定道德的对错，并且遵从这些决定。不遵从我们在道德问题上做出的智识判断，与无视我们所做的任何实际判断无异。在去芝麻街的路上，弗洛伦斯发自内心地相信："如果想去芝麻街，就必须在36B出口转弯。"然而，在完全能够意识到自己行为的情况下，她却径直驶过了36B出口。这样的做法完全不合常理，这就好比你真诚地告诉自己："这种行为是好与善的，尽管去做吧！"但没有采取任何行动。或是告诉自己："这种行为是坏与恶的，千万别做！"但照做不误。

永远遵从自己的良知，稳固地建立在这样一个假设之上：我们的行为始终是真诚的，我们真诚地相信我们在任何情况下对道德对错所做的判断都是正确的。真诚虽然是真正的良好行为的必要条件，但还不够，因为真诚本身并不能阻止我们犯错。

即使对于阿道夫·希特勒等我们能想到的最无耻的历史人物，我们也不能笃定地判断他们没有真诚行事，因此从这方面来讲，他们没有遵从自己的良知。实际上，他们完全遵从了自己的良知，但这不仅没有阻止他们做出极其恶劣的判断，反倒怂恿他们将这些判断付诸实践。那么，我们该如何解释打着良知之名所做的恶呢？其实，罪魁祸首便是堕落的良知，即在道德判断上存在根本性错误的良知。

真诚和错误有时容易混为一谈。并非任何良知都能确保我们执行正确之事而规避错误之事，只有健康的良知才能。在进行智识判断时，仅仅区分对错是不够的（虽然我们总会这样做）；我们还必须确保判断的正确性。健康的良知所进行的智识判断是理智和理性的，因为这种良知反映了事物的客观秩序，以及所有道德主体共享的世界中事物的实相。

如此说来，良知就是我们从道德层面评价自身经历的方式。由于健康的良知与谨慎本质相同；由于谨慎是一种美德，而美德是一种习惯；由于习惯不是我们与生俱来的东西，而是通过自身努力养成的，所以，做一个有良知的人，是一种我们必须努力实现、然后努力维持的状态。很明显，这个过程必须从生命的早期开启。因此，教育的重要性便再次凸显出来。

第四十一章

结果即一切?

我们经常回顾过去的行为,对行为的道德品格给予评价,通过这种方式来行使自己的良知。"我明知吉姆·尤森可能会把钱花在可疑的用途上,但还是给他提供了一大笔贷款,这样做对吗?""我在期中数学考试中给斯旺森小姐打了'不及格',是不是太过严厉了?我本可以给她一个'及格',也许这样一来,她就不至于退学了。""我今年报的税符合实际吗?"这些都是我们在进行良知自查或自我反省时提出的问题。这时,我们将评价的矛头指向自己,从道德角度评述自己的行为,然后为自己列出一份类似道德成绩单的东西。这种练习的好处,在于帮助我们密切把控对于良知的判断。如果我在回顾了过去的一系列判断之后,发现其中相当多的判断存在问题甚至明显错误,那么就有理由为此担心了。健康的良知如同健康的身体,只有持续关注,才能健康常存。

审视自己的良知时,我们无异于在面对历史。木已成舟,事情已成定局,不管是好是坏,都不能撤销。虽然这种通过回顾过去来唤醒良知的方式很重要，但更重要的是，要在事情发生之前做出正确的判断，而不是做事后诸葛亮。事前判断时，好与善的前景会鲜活地展现在我们面前，犹如一个诱人的承诺召唤着我们。虽然未来永远不会完全掌握在我们手中，但也不是完全在我们的掌控之外。

请允许我介绍一位拥有"狄奥多西"这个文绉绉的名字的先生，说来也巧，此刻的他正在用我刚才描述的面向未来的方式行使自己的良知。他正在思考一种行为，想知道该行为是否合适得体，就让我们毫无想象力地称之为X行为。X行为所指代的可不是一件小事，正因如此，狄奥多西才会如此认真地思考。他扪心自问：X行为是否正确？通过提出这个问题，他等于是在为评判良知做准备，据此为X行为赋予道德价值。如果他判断该行为是正确的，便会去做；而如果该行为得到的道德评价是负面的，他就不去做。

在判断未来某个行为是否可以凭良知执行时，狄奥多西需要考虑哪些因素？他面对的是一个重要的判断，因此，他的判断应该建立在健全而仔细的推理基础之上。狄奥多西应该思考四个具体的问题：（1）意图的性质；（2）X行为本身的性质；（3）该行为相关的情境；（4）该行为可能产生的结果。

意图的性质。只有在良好意图的指引下，我们才能在做任何事情时都保持道德的操守。在做任何事时，我们都必须带有良好的意图。我们明白，只有良好的意图是不够的（别忘了通往地狱的道路

是如何铺就的 ① ），但这是我们最低的需求。不良的意图，可能会让良好的行为变质。洛伦佐告诉路易莎，她是他所见过的最善良的女人，这句恭维话虽有真实的事实基础，但背后的目的是可疑的。这是因为，洛伦佐是个彻头彻尾的浪荡子。这里所表现的，便是托马斯·斯特尔那斯·艾略特 ② 所说的"最重的背叛" ③ 。洛伦佐虽然说了实话，但他这么做的目的，却是为了实现一个不那么光彩的目标。

行为本身的性质。人的行为具有内在的道德属性，可以是积极的，也可以是消极的。如果狄奥多西估计X行为在本质上是良好的或在道德上是中立的，那么基于这个理由，他就可以允许自己实施该行为。但如果他认定这种行为在本质上是邪恶的，那么这一切就必须彻底停止。例如，他不能为了达成某种好与善的结果而故意对无辜之人造成身体伤害。这种做法违反一条最基本、最古老的道德戒律：即便我们认为有可能带来好与善的结果，我们也不应该故意作恶。我们有时会自欺欺人，认为可以通过邪恶的手段达到良好的目的，这是绝不可能的。也许短期之内可以，但长期看来绝对不行。我之所以对洛琳说谎，是为了让她心情愉悦，也是为了让她变得自

---

① 奥地利裔英国经济学家弗里德里希·奥古斯特·冯·哈耶克（1899—1992）的一句名言，原句为"通往地狱的道路，通常是由善意铺就的"，意指基于善意的政策往往会带来出乎意料的恶，类似于"好心办坏事"。

② 托马斯·斯特尔那斯·艾略特（1888—1965），英国著名诗人、剧作家和文学批评家。

③ 出自艾略特的戏剧作品《大教堂凶杀案》，为贝克特大主教决心赴死时的担忧，原句为："最终的诱惑才是最重的背叛：为错的因做对的事。"

信一些。但她一旦揭穿了这个谎言，不仅会讨厌自己，还会对我怀恨在心。

该行为相关的情境。没有哪种行为是孤立发生的，它们总是发生在某个特定的背景中，即某种包含着诸多因素的具体环境：简而言之，这就是该行为的情境。在评价任何具体行为时，这些情境一概要纳入考虑范围。狄奥多西执行X行为的意图是良好的，行为本身要么在本质上是积极的，要么在道德上是中立的，但经过进一步的思考，他认为情境欠妥，至少对于当时而言。

写到这里，先让我们揭晓X行为的真相。狄奥多西考虑的行动，是退出与泰德·休斯顿的长期商业伙伴关系。在不久前的一个星期四下午，他下定决心，尽管做这个决定很困难，但这是他应该做的。下周一一早，他就会告知泰德·休斯顿自己的决定。但是就在那个周末，泰德·休斯顿的父亲却因心脏病突发而去世。由于这一不幸的突发事件，狄奥多西修改了自己的计划，他认为在当前的情境下，不适合告知对方他们的合作关系即将破裂。他想等待一个更有利的时机再采取行动。

该行为可能产生的结果。这种行为可能产生什么结果呢？这是我们在考虑未来行为时应该向自己提出的一个问题。这个问题的答案当然不可能是结论性的，因为我们是在预测未来，而未来永远都是不确定的。但并非所有的预测都是一样的，有的预测可能要比其他预测更准确。经验是一个关键因素，经验丰富的人对未来的预测通常更准确。如果我们考虑的恰好是我们过去经常采取的行为，且发生的情境也与我们设想的可能伴随出现的情境相似，那么我们对于可能出现的结果的猜测就较为可靠。如果一位投手知道，低位内角快速球是他经常遇到的某位击球手的弱点，便会在与他对战时投出这样的球，并坚信这种做法对自己有利。

泰德·休斯顿因父亲的去世而痛心疾首，这让狄奥多西更透彻地思考了解散商业伙伴关系可能带来的后果。泰德·休斯顿是个好人，工作也很努力，但神经非常敏感。狄奥多西回忆起过去几段生意特别难做的时期，以及休斯顿令人不安的处理方法。有的时候，休斯顿会因为太过紧张，濒临精神崩溃。如果他退出，休斯顿还能继续做下去吗？最后，在仔细权衡了诸多因素之后，狄奥多西得出结论：如果此时解散合作关系，可能会对公司、泰德·休斯顿个人及其家庭带来相当负面的影响。这种影响之大，让他不忍继续执行自己的计划。因此，他没有解散合伙关系，而是与泰德·休斯顿并肩，尽可能对这个不大理想的情境进行改善。

一种行为可能造成的结果，指的是对于行为的合理预期，在思考这个行为时，我们自然会考虑到行为的结果。这虽然是我们思考的一个因素，但不应该是我们唯一思考的因素，也当然不该被摆在重中之重。然而，有一种道德体系却偏要这么做。这种体系将结果放在首位，还有一个恰如其分的名字：结果主义。如果不那么正式，我们也可以称之为"底线道德"。这种体系的立场在于，任何行为的道德价值，主要甚至全部取决于行为的结果。如果结果是好的，行为就是好的；如果结果是坏的，那么行为就是坏的。这种区分正确和错误行为的方法非常简单，表面上看具有一定的吸引力，但其背后的推理方法存在严重漏洞。在这里，我只讨论其中的三个。

第一，结果主义实质上否定了本质为恶、违背道德的人的行为。在此请大家注意一条基本原则：为了获得积极的结果而做坏事是不可取的。此外，如上文所述，从纯粹实用的角度来看，这种方法是行不通的。无论我们打算通过本质邪恶的行为带来什么有益的效果，这种收效都会不可避免地被恶行本身所破坏。因中所含的恶，会传递到果中。

第二，某种行为的结果本身是好的，却可能因带来消极的影响而要求我们避免采取行动。而如上面讨论的狄奥多西的案例，消极的结果造成的影响并非绝对是消极的。有的时候，行为本身可能意义重大，以至于超越了我们所能想象的任何消极结果。以贾斯珀为例，他是一家大公司的初级员工，他清楚地知道，在几个有权有势的副总裁的默许下，他所在的部门正在进行一些严重的非法交易。作为一个诚实的人，贾斯珀正在思考是否要检举违法者。然而他知道，这样做会为自己带来非常不愉快的后果，自己可能会丢掉饭碗。尽管这样，贾斯珀还是决定揭发这一非法活动，因为他的良知认为这是正确的做法，尽管可能会给他本人带来可怕的后果。对于诸如此类的情况而言，结果其实是无关紧要的，不会对我们的良知判断造成直接影响。

第三，在做任何良知判断时，把所有鸡蛋全都放在"结果"这一只篮子里，是非常危险的。我们是在预测未来，因此，我们所考虑的结果必然只是可能发生的结果，我们永远无法确定我们所做任何行为的确切后果。预测出行为的结果后，却被以某种形式证明这种预测是完全错误的，这种情况你遇到过多少次？我曾乐观地预期X行为会带来良好的结果，谁知这件事却演变成了一场彻头彻尾的灾难；从另一方面来说，我本来确信Y行为会产生有害的影响，到头来却相安无事。就这样，生活总能给我们带来大大小小的惊喜，让我们时刻不敢怠慢。

第四十二章

人的行为的固有价值

我们看到，在从良知层面判断未来行为的时候，严谨的狄奥多西必须注意的一件事就是行为本身的性质。如果只考虑其本身而不考虑任何背景信息，一些行为在道德上是中性的。我抬起手臂，搔一搔右耳上方。这种行为在道德上是对还是错？我们很容易发现，这是一个愚蠢的问题。我们在一天中所做的许多行为，也就是在大多数日子里所做的行为，都是服务于平凡现实的常规行为，其本身没有任何道德意义。

作为一位清晰而严谨的道德思想家，如果确定自己思考的某个未来行为本身的性质是邪恶的，也就是属于坏与恶的行为，那么狄奥多西便不再予以考虑。本质坏与恶的行为，再加上道德中立和本质好与善的行为，便囊括了所有的行为。那么，本质上好与善和坏与恶的行为到底有什么特点，能让我们毫不犹豫地为其赋予明确的道德价值呢？首先，让我们先来回顾一些基本原则。除了人的行为，也就是自愿的行为，即知道并愿意做某事的人的行为之外，我们的其他任何行为都不受任何道德评价的约束。我们不是机器或机器人，而是自由的主体。因此，本质邪恶的行为是指，我们在行动的同时能够意识到自己的作为并且愿意去做。引用前文提到的一个例子，故意、肆意并带着预先计划的恶意对一个无辜之人造成严重的身体伤害，这便是一种本质邪恶的行为。想要怀着良好的意图去做这样的事是不可能的；任何环境都不可能使之变得无害；即便假定能带来有益的结果，也无法使之成为一种被允许的行动。

让我们来看看利安德的例子，他身患各种疾病，不得不依靠大堆的药物活着。他的医生想要努力减少和控制这些药物的副作用，却屡屡受挫。在精心的护理下，病情偶尔还是会急转直下，这时，利安德便会行为失控。一天，他在当地的购物中心遇到了突发事件：他癫痫病突发，转眼间便失去了控制。他袭击了一个无辜路人，用手杖狠狠击打对方，对其造成了明显的身体伤害。

从纯粹客观的角度来看，我们可以说利安德的行为本质上是邪恶的；就其本身而言，这明显是一件坏事。然而，鉴于当时所处的心理状态，利安德缺乏对这种行为本质的必要认识，不是有意作恶，不能对自己的行为承担道德责任。从道德的观点来看，不能将错误归结于他。

想要更全面地理解本质好与善或坏与恶的行为，我们不妨思考这些行为的别名，如"本质有序的行为"和"本质无序的行为"。理想的伦理世界是井然有序的，在这里，理性至高无上，整个世界都处于安稳平和的状态。不幸的是，我们并不是生活在一个完美有序的世界里，若认为自己有朝一日能够存在于这样的世界，便无异于乐观到了天真无知的程度。但是，给予理想应有的尊重，并把理想摆在面前，作为一种虽然可能永远无法彻底实现，但仍能鼓舞我们尽己所能努力实现的目标，这是值得赞扬的。我们可能永远无法拥有一个完美有序的世界，但一个越发有序的世界总是可行的。培养这样的心态，对于伦理生活具有重大意义。一个本质有序的行为有助于推动整体秩序，符合理想伦理世界的特点；而本质无序的行为则会削弱并损害这种秩序。

另一种考虑行为本质究竟是好与善还是坏与恶的方式，是审视该行为是符合人性的还是有违人性的。正如我在本书开头所指出的，伦理的本质就是如何成为一个完整、绝对的人，换句话说，也就是如何发挥作为理性生物的一切潜力，无论是从遵从自然还是超越自然的维度而言。这么说来，我们应该完全致力于执行的行为就是符合人性的行为（本质好与善的行为），我们应该彻底避免的行为是违反人性的行为（本质邪恶的行为）。

黄金法则告诉我们，己所不欲，勿施于人。从消极的角度来说，就是不要用你不希望别人对待你的方式对待别人。我们找不到比这更清晰的道德箴言了，但是，有这么一种解释，或者说误解黄金法则的方式，却否定了任何行为都有或好或坏的固有价值的概念。对于这句格言的错误解释认为，一种行为之所以"良好"，只是因为会给执行该行为的我带来积极的成效。换句话说，在我看来，所谓好的行为，意味着人们会以对我有利的方式对这种行为做出反应。所谓的"不良"行为也是如此，之所以称之为不良行为，是因为如果执行这些行为，便会导致人们以不利于我的方式对待我。这样说来，一种行为的价值并不是本身固有的，而是完全由从他人那里得到的积极或消极的反应决定的。毫无疑问，大家会发现，这种自圆其说的解释，是结果主义[①]的一种表达方式。

之所以说人的行为具有固有价值，是因为我们不必超越行为本身就能确定其道德品质是积极的还是消极的。一个本质良好的行为是这样的：如果其意图、环境和结果都是井然有序的，那么我们在执行该行为的时候就能表现得很好。而本质邪恶的行为是一种没有任何充分理由可以为之辩解的行为，是一种人们在任何情况下都不应该执行的行为。本质邪恶的行为是不人道的，且具有双刃剑的效果，会让双方两败俱伤。这种行为会伤害行为的对象，同时也会伤害行为的实施者，而后者所受的创伤要比前者严重得多，也持久得多。苏格拉底坚称，行不义的恶要比遭受不义的恶要邪恶，就如接受惩罚就比逍遥法外要好。[②]这话并非空穴来风。行为有义之人即便遭受不义，仍是有义之人；而行为不义的人做完不义之事，则必然成为不义之人。

---

① 伦理学学说，又称结果论和后果论，其道德推理由道德行为的结果而定，是功利主义的一种表现形式。

② 苏格拉底认为，正义是一种纪律，它使灵魂摆脱了不公正行为造成的腐败。因此，灵魂摆脱了邪恶的人比逍遥法外的人更快乐。

第四十三章

再论情境

与我们所做的任何行为相关的情境，都会对行为本身的道德品质产生或积极或消极的影响。英文中表示"情境"的"circumstances"一词由两个拉丁语单词组成，一个是"circum"，一个是"stare"，意为"立于周围"，所暗示的意向非常生动。情境是一种围绕行为的空间，赋予行为以背景、明确的位置和色彩。尤其值得我们注意的是，情境有可能对行为产生影响，促使我们改变对行为的道德评价。某种适于一定时间和地点的行为，在另一个时间和地点便可能格格不入了。如果西蒙在自家卧室依偎在忠诚合法的妻子希拉身边，做出卿卿我我的举动，我们不会觉得有何不妥。然而，如果他们在市议会全体会议期间进行这种活动，而两人又都是市议会的成员，那么，他们的行为理应被视为不合时宜。

在试图对某个行为进行道德评价时，与该行为相关的情境会对评价产生影响，但这种影响的有效性要受到严格的局限。我们所认定的本质邪恶的行为，也就是本质无序的行为，不可能因情境的影响而奇迹般地转化为善行。老虎是丛林中一种有条纹的野兽，就算后来成了奥马哈动物园中的一员，也仍会保留自己的条纹。一贯敏锐的亚里士多德指出，即使是在对的时间、对的情境与对的女人一起，通奸也是不可行的。他的观点是，在任何可以想象的情境中，通奸都是错误的，这是通奸的本质。通奸是一种本质无序的行为，它直接攻击了婚姻制度这一社会秩序的基本组成因素。男人对妻子不忠，或者女人对丈夫不忠，都是对公正的冒犯，通奸双方各自的配偶都是被冒犯的受害者。

不良的行为不能因情境而变好，反而会因情境而变得更糟。一个身陷婚外情的男人的确是在作恶，但如果妻子的父母刚刚遭遇车祸身亡，妻子正身在几百公里外的加利福尼亚参加葬礼，而他却趁机偷情，那这一行为就更恶劣了。

对于那些可以被视为本质良好或道德中立的行为，情境的影响尤为明显，这是因为在特定的情境下，这些行为可以变质为道德存疑甚至彻底败坏的行为。西蒙和希拉把卧室里做的事搬到公共场合的例子，就属于这种情况。

让我们来考虑另一个例子。如果一位管道工师傅因为学徒干活粗枝大叶而狠狠地训了他一顿，这合情合理。这位管道工师傅最好把学徒叫到一边，私下里认真面谈，这种训诫的情境较为理想。然而，这位师傅却选择当着其他学徒的面责备这位学徒，而且训诫过了头，让这位学徒受了许多无端的辱骂。这样的情境让这位师傅行为的道德公正性大打折扣。除此之外，从完全实用的角度来看，这样的情境也很可能会降低，甚至完全消除他所传递的警告的有效性。没有人愿意当众出丑，但大多数人愿意在不存在丢脸威胁的私人场合大方承认自己的错误行为。

大部分情况下，我们对情境别无选择，只能选择接受，并相应地加以适应。如果我们判断某种情境会使得某种本质良好或道德中立的行为变质，那就必须停下来重新考虑。在六月初的一个美好的夜晚，当贾斯汀第一次在拥挤的房间里看到迷人的费利西亚·费尔法克斯时，便难以自持地一见钟情，并当场发誓要娶她为妻。过了一会儿，当他与一位朋友聊天时，得知自己心爱的女人原来早已结婚。在当晚剩下的时间里，伤心欲绝的贾斯汀一直与酒精为伴，希望以此冲淡自己的悲伤。不过，虽然贾斯汀心灰意冷，但作为一个讲信誉的人，他还是重新发了一个誓：从今往后，他只会远远地仰慕费尔法克斯太太，将他奉为自己的贝阿特丽切①。

有些时候，我们所处的情境很可能产生某些负面影响，因此并不是非常有利于某种行为的执行。然而，这种行为偏偏是刻不容缓的；即便可能产生负面影响，也非做不可。比如说，某位主管虽然知道会打击下属的自尊心，仍在公开场合纠正下属的行为，而且可能相当严厉。他之所以这样做，是因为下属从事的活动不但是错误的，而且会给其本人和他人带来危险，所以需要立即出面处理。这种情况，有点像资深猎人霍普·霍普金斯及时呵斥自己的侄子：

---

① 意大利诗人但丁在现实生活中单恋的对象，也是其所著《神曲》中的人物。

"威利，端枪时记得永远把枪管对准地面，绝不要对准别人！"

虽然很少有人能够改变情境，但有的时候，我们考虑的某项行动并非迫切到不可推迟的地步，也不会因推迟而产生严重的后果。这时，如果目前的情境不是有利于最有效地执行该行为，那么不妨等待更合适的情境出现。

让我们稍微改动一下上文中贾斯汀和费利西亚·费尔法克斯相会的情况。贾斯汀发现，谢天谢地，他的梦中情人是单身，而且目之所及并没有死心塌地的追求者，这让他心花怒放。得知这个消息后，他的第一反应就是把一杯酒一饮而尽，从拥挤的房间这头冲到房间那头，做完自我介绍之后在费利西亚面前夸张地跪下，当场向她求婚。但是，有时难免过分冲动的贾斯汀转念一想，最好等待时机出现，在更加合适的情境下求婚。

在本章目前为止所写的所有内容中，我们都在集中讨论情境会对情境中的行为造成什么影响。然而，我们也可以倒推回来看问题。也就是说，行为也可以对环境造成或好或坏的影响。如果我们开始意识到看似不可改变的情境却能通过行动得到改善，我们的伦理思想就达到了一个重要的高度。我们也许不能通过自己的行动改变整个世界，但是，我们置身且熟悉的小圈子，会因为我们的行为焕然一新。

第四十四章

再论意图

虽然良好的意图是良好道德行为的必要条件，但不能单独用来决定行为的正当性。针对这一点，我们已经进行了充分强调，没有必要再次重复。在执行所有的行动时，我们都必须始终怀着向善的意图，这是自然而然的，但除此之外，我们还需付出更多的努力。

在伦理学中，意图指的是我们的行为所指向的对象。所谓"意在……"，是指将目光集中在某个特定的目标上。在我们眼中，我们认为这个目标是好与善的，因此是我们想要获得的。对于通过达到特定目的而满足的欲望，如果想要确保这种欲望足够充分有效，就必须要求产生欲望的主体愿意采取达到此目的的必要手段。简而言之，如果我对某件好与善的事产生欲望，并且愿意付出所需的代价满足欲望，那么我便抱有真正的意图且愿意去做这件事。

一种道德良好的行为，其背后的意图必须是良好的。这一点大家都明白，但是，好坏意图之间有什么区别呢？大家可能会想到真正的好与善（对我们的人性有完善作用）与表面的好与善（对我们的人性没有完善作用）之间的区别。这种区别在于，虽然我们总会选择认为对自己有益的选项，但对于这个关键问题的看法，有时并不像我们希望的那样可靠。最终，我们追求到的或许只是表面的好与善，而不是真正的好与善。我们追求的对象不但不会让我们受益，反倒给我们造成伤害。

出于我们独特的心理构造，我们只追求自己眼中视为好与善的东西，而忽略其真正的实质。那么，从主观的角度来看，也就是从行为主体的角度来看，我们的意图总是向善的。也就是说，我们总是追求我们眼中好与善的东西，虽然在某些情况下，我们的看法可能是错误的。在这种情况下，也就是我们追求表面而非真正的好与善的情况下，虽然我们的意图从客观而言是坏与恶的（因为这种意图不会对人性起到完善作用），但我们仍然认为该意图是好与善的。这是唯一的可能，因为我们的意图不能与其所指向的对象分开。由于我将某事视为好与善的，即使判断失误，从意图上来说，我仍希望这件事是好的。

综上所述：客观而言，好与善的意图，是指向客观上好的目的的意图；而坏与恶的意图，是指向客观上坏与恶的目的的意图。

想要让好的行为变坏，我们可以在其背后安插一个客观坏与恶的意图。在这种情况下发生的，便是我们所谓的"为错的因做对的事"[1]。举一个伦理教科书上常用的经典例子：一个人把钱给穷人，

---

[1] 出自艾略特的戏剧作品《大教堂凶杀案》。

只是为了把自己塑造为一个慷慨的慈善家。哈利法克斯就是这样一个人，他经常给穷人捐款，但同时也会最大限度地争取得到当地媒体的报道。令人遗憾的是，哈利法克斯并不真正关心穷人，而是极其关注自己的公众形象。客观地说，哈利法克斯的慈善行为是被恶意驱动的。在理想情况下，他选择帮助穷人的出发点，应该是因为这是一件本质好与善的事。然而，推动他行动的意图却是提高自己的声誉（这与他想要有朝一日竞选州长有很大关联）。对他而言，这是一种表面而非真正的益处，尽管如此，如果不将之视为好的意图，他就无法采取行动追求。

虽然行为背后的意图从客观而言是恶的，但哈利法克斯定期捐给穷人的钱的确能给他们带来益处，我们没有理由不这样相信。然而，这并不能说明哈利法克斯是一个真正慷慨的人。因为支配他行为的，并不是慷慨的美德。

一个好的意图无法将坏的行为转恶为善。如果我们认为可以，就无异于屈从于经典的谬论，认为良好的结果可以通过邪恶的手段来实现。让我们来看看胡德先生的例子，在给穷人捐钱这件事上，他与哈利法克斯一样慷慨，却抱着最纯粹的意图。与哈利法克斯不同，胡德先生对穷人抱有至高无上的尊敬，深深爱着他们，把他们的福祉放在第一位。然而，胡德先生捐赠给穷人的大笔资金，却是成千上万的美元假钞。在印假钞上，他可是老手了。他试图通过邪恶的手段达到良好的目的，由此玷污了目的本身，而且讽刺的是，胡德先生并不比哈利法克斯更慷慨。在犯罪活动中表现慷慨，没有什么美德可言。

无论意图是好或是坏，都能为原本道德中立的行为赋予鲜明的道德色彩。挠头这个动作本身在道德上无甚意义，但如果这是恐怖分子提前串通好的暗号，指示同伙在拥挤的市场引爆可导致数十名无辜者死亡的炸弹，这种情况如何评判呢？在这种情况下，挠头便不再是道德中立的行为，而是一种邪恶之举。

民法对意图的重视极大地证明了意图对于伦理的重要性。如果法庭能够证明马克斯有意谋杀莫琳，尽管他从未动过莫琳一根指头，也可能会被判处很长一段时间的监禁。蓄意谋杀是一种应受惩罚的罪行，即使这种意图并未真正实现。

我们可以产生一个或好或坏的意图，却不付诸实践。如果意图是好的，这可能会成为一种遗憾。回想起我们原本想做的那些美好的小事，惋惜之情便会油然而生，更不用说那些我们总是抽不出时间去做的伟大而高尚的事情了。一个好与善的行为必须先有一个好与善的意图，但除非将意图履行出来，否则这个行为就永远不会发生。而没有将坏与恶的意图贯彻到底，这也并不一定能够消除负罪感。如果我打算对另一个人做出令人发指的恶行，却没有按照意图去实践，我所针对的那个人可能毫发无损，我却对自己造成了道德上的伤害。一个真心考虑杀人的人，即使实际上并未行动，也仍然怀着一颗凶恶残忍的心。

第四十五章

个人有最终决定权吗?

在道德推理之中,主观因素的重要性不可低估。毕竟,道德推理的核心和来源不是别人,而正是人这个主体。通过区分道德对错来影响和指导自己的行为,这取决于作为道德主体的个人。对于每个成年人来说是这样,对于沃尔多而言也是这样。每当需要对自己的品格和行为做出道德判断时,充当"法官"角色的便是沃尔多本人,且只有他一人。这是我们作为道德主体的主要责任,不能转交给其他人。从这个意义上来说,就像法官在法律问题上有最终决定权一样,我们每个人都是自己的"法官",都在道德问题上拥有最终决定权。

民事法官在法律事务上拥有最终决定权,其职责是阐释法律、明确法律在案件中的具体运用,并最终进行裁决。但是,法官不能制定法律,因为这是立法机关的职能。在我们每个人都扮演着法官角色的道德领域,情况也是如此。在道德领域,我们根据法律做出判断,但是像法官一样,我们并不能制定作为判断标准的法律。综合来说，支配道德领域的法则叫作自然法①，这一法则，支配着所有与道德相关的人类推理。

这种观点会受到个人主义者的质疑，他们认为自己不仅是道德问题的法官，也是立法者。这种人相信，在任何情况下，决定道德对错的人都是自己，制定标准的人也是自己。由于每个人个性的差异，这些标准的确立也千差万别。某位个人主义者可能会对这个问题冥思苦想，制定出一套相当复杂的道德准则，严格忠诚甚至无条件地服从。而另一位个人主义者则可能完全随心所欲地行事，为了满足自己的欲望而肆意妄为。对于后一种人来说，在任何情况下，一时兴起的情绪或冲动便能决定对错。

个人主义者的共同点在于，他们认为自己是道德的立法者，一致否定自然法的观念。对他们来说，并不存在什么放之四海而皆准的道德原则。最极端、最不符合逻辑的个人主义认为，道德是因人而异的。伦理标准是由个人设定的，且只适用于设定这些标准的个人。由此，道德也成了完全私人的东西。

我们每个人都有一定的个人主义倾向。有的时候，我们会被一种自私而浅显的冲动所控制，无论如何都要坚持按照自己的方式行事。这会让我们对一个明显的事实视而不见，即我们的方法并不总是最好的。即使我们可以在游戏中自己制定规则，并根据自己的需要不断修改规则，这样做虽然看起来很有吸引力，但这种单人游戏

---

① 源于古希腊哲学的学说，认为一定的权利因人类本性中的美德而固然存在，主张天赋人权，人人平等，公正至上。

很快就会令我们感到厌倦。尽管有些人不愿意承认，但我们的确是群居动物。

任何大规模推广个人主义道德观的尝试都不可能取得成功，只能导致彻底的社会混乱。想象一下，如果一个公民社会没有立法机构，每个人都可以按照自己认为合适的方式管理自己，将"为自己打算"奉为指导性的道德原则，那将会发生什么。那个不幸社会的公民会发现，自己回到了托马斯·霍布斯①提出的"自然状态"中，在那里，生命是孤独的、贫穷的、肮脏的、野蛮而短暂的。

我们无法制定数学规则，也同样无法制定道德规则。这种现实的原因并非总能解释清楚，但是，我们可以通过数学的量化表现来一窥现实世界的实相。数学家并不制定规则，而是发现规则，由此对我们生活的世界的运作机制进行了解，尽管这种了解或许只是间接的。并非人人都是数学家，但人人都是道德家，通过清晰而正确地思考道德问题，我们会对道德世界秩序背后的机制有所了解。就这样，我们成了道德现实主义者。

但是，对于某些个人主义者惯于提倡的纯粹私德理念，我们该如何评价呢？这是一种子虚乌有的东西。"纯粹的私人道德"这一术语本身就是自相矛盾的，与"纯粹的私人语言"一样说不通。道

---

① 托马斯·霍布斯（1588—1679），英国政治学家和哲学家。他曾提出无政府状态的"自然状态"和国家起源说，认为在自然状态下，人类会遵循自己无限的欲望。在资源有限而欲望无限的环境中，战争无法避免，因此必须通过国家进行管制。

德是一种共同的现实，语言也是。语言的目的不是自言自语，而是与他人交流，为了实现这一目的，语言必须是许多人共同拥有的财产。而道德也是如此。道德的目的是管理人际行为，只有当道德的基本原则被其直接涉及的所有人共享时，才能达到这个目的。

第四十六章

一切都是相对的吗？

伦理学中有相对主义吗？是的，当然，且必然如此。举例来说：合乎伦理行为的基本原则不能全然不动地机械照搬，其并不适用于所有情况。这些原则的运用是相对的，也就是必须考虑到个例的细节。我们已经看到，为了全面解读某种行为的道德品质，考虑具体行为所处的情境非常重要。行为和情境之间必须达到协调一致。每个人都有义务过一种有节制的生活，但有节制的生活对于不同的人来说并不具有相同的意义。对已婚男人而言有节制的行为，并不适用于本笃会①的修士。两者都必须有节制地生活，但相对于不同的人生情境，每个人进行节制生活的方法也各不相同。

承认相对主义在伦理学中的必要作用，绝不等于赞同一种叫作道德相对主义的哲学观点。我们所秉承的，是一种截然不同的理念。前文所讨论的个人主义，是道德相对主义极端形式的一个例

---

① 亦译作"本尼狄克派"，天主教隐修修会，对会员有不婚娶、无私财等要求。

子。道德相对主义的核心便是拒绝承认一般性道德原则的概念，也就是否认适用于所有人类的道德原则的存在。道德相对主义无法忍受道德绝对主义的理念，因为道德绝对主义就是一种通用的伦理原则。就算相对主义者不对绝对主义者全盘否定，也会试图表明，绝对主义者声称的绝对主张，实际上也是相对的。

道德绝对主义的问题，需要我们进行直接的探讨。当今，一想到道德或其他领域的绝对主义概念，很多人似乎都会感到非常紧张。而实际上，只需通过一点系统性的反思就能发现，这种紧张是不必要的。首先，我们需要做一些基本的澄清。我们习惯于把"绝对"作为名词来使用，仿佛这个词指代的是某种实体，使得我们一开始就走错了方向。实际上，"绝对"这个词首先是形容词，是名词的修饰语，比如"绝对零度"这种说法。对于我们的例子来说，这个有争议的形容词需要限定的名词是"陈述"。大多数否认绝对主义的人，实际上是在否认绝对的陈述；更具体地说，他们否认任何说法都是绝对正确的。这些否认地球上存在绝对正确陈述的人，可以称之为认识论的相对主义者。

任何陈述的本质都是非真即假的。相对主义者认为，任何所谓正确的陈述都只是相对正确，但按照这种理念，相对主义者便等于将自己投入了完全的虚构之中。所谓相对正确的说法是不存在的。对于所有正确的陈述而言，如果的确正确，便是绝对正确，而不会有别的可能。什么是绝对正确的陈述？绝对正确的陈述，就是一个不允许存在例外的陈述。是否存在绝对错误的陈述呢？答案是肯定的。如果说一个绝对错误的陈述是正确的，便会与现实矛盾。"尤里西斯·S.格兰特①是美国第十二任总统"是一个绝对错误的陈述，因为如果这个陈述是真的，便会与无可置辩的历史事实不符。

陈述的真假区别，反映了"是"与"不是"、存在与非存在之间更深层次的本体论差异。如果波西亚在波特兰，她就不在波卡特洛。我们暂且认为，波西亚事实上的确在波特兰。那么，"波西亚在波特兰"这个陈述便是绝对正确的，而"波西亚不在波特兰"这个陈述则是绝对错误的。

如果一个人坚持表示，一个被认为正确的陈述确实允许例外的存在，那就意味着该陈述可能同时是正确和错误的。如果我们愿意承认这一点，便会陷入矛盾之中。"2＋2＝4"这个数学命题绝对正确。你能想出例外吗？这个简单的算术真理，只是无数绝对真理中的一个例子，缺少了这些真理，我们就无法理解我们生活的世界。

然而，我们必须面对的棘手问题涉及的是道德陈述。道德中是否存在绝对主义，也就是说，在涉及道德问题的陈述中，是否存在可视为绝对正确，也就是不允许存在例外的陈述呢？我们中的大多数人都会不假思索地承认"2＋2＝4"是绝对正确的，但是，下面这样的说法呢："对处于险境的人伸出援手，永远是正确的"；"肆意伤害别人是不对的"；"在与有权知道真相的人沟通时，歪曲真相是绝对错误的"；"好好照顾自己的健康，以便履行人生中的义

---

① 全名尤里西斯·辛普森·格兰特（1822—1885），第十八任美国总统，于1869年到1877年在任。

务，这样做永远是正确的"；"尊重和维护他人的良好名誉，是永远正确的"；"在不知情和未经允许的情况下占有他人的财产是绝对错误的"。

所有这些都是非常普遍的道德原则，我们也完全有理由相信它们绝对正确。简而言之，我们可以称之为道德绝对主义。这些原则在作为一般原则时是正确的，因此，通过正确的推导方式，由此得出的更加具体的原则也应该被赋予"道德绝对主义"的名号。道德绝对主义是一种关于道德问题的陈述，不允许有任何例外情况存在。那么，对于道德绝对主义的检验方式，便可以用"不允许任何例外"这句蕴含深意的话来表达。如果你想要否认上述一般道德原则的绝对性，就必须做好准备，陈述你所认为的该原则允许存在的例外，以便证明自己的立场。

正如我在上文中所说的，个人主义者代表了道德相对主义的极端立场，然而，并非所有的道德相对主义者都是个人主义者。除此之外，还有一种更为中庸的道德相对主义，该主义不否认具有普遍性的道德原则的存在，这些原则为代表具体文化、种族、民族或宗教团体的许多人共同持有，但是，该主义仍然坚持认为不存在真正普遍的道德原则。也就是说，不存在适用于所有文化、种族或民族差异的全人类的原则。这些中庸的道德相对主义者会提醒人们注意一个事实，只要将任何两种文化放在一起比较，我们就能证实这一事实：不同人所认为的道德对错，存在着可见，甚至显著的差异。

另外，我们还要考虑时间因素。包括我们的文化在内，在任何具体文化中，关于道德对错的观念似乎都会随着时间的推移而改变。21世纪初美国人认为道德上可以接受的某些行为，在19世纪中期的美国民众看来却令人发指。这难道不是道德相对主义的有力论据吗？这难道还不足以迫使我们放弃普遍道德共性的理念，不再坚持存在适用于所有时代所有人的原则吗？

对于这个问题，人们仿佛急于做出判断，而造成这种现象的原因，是我们使用了一种非黑即白的方式来看待数据。我们被人类道德中不可否认的相对性所迷惑，以至于忽略了支撑这些属性的非相对性底层结构。我们被人与人存在道德差异的表象所迷惑，而忽略了人与人在道德上相同的基础。就这样，我们培养出了一种倾向，对于作为道德绝对主义的一般性道德原则视而不见，仿佛这些构成我们所谓自然法的元素根本不存在。

全球各地、世世代代的人类都认识到，生命是宝贵的，需要维系和保护；夫妻要彼此忠诚；孩子需要得到呵护与合适的教育；忠诚是正确的，背叛是错误的；真理是一种至善，而欺骗是有害的；合作比纠纷更可取；友好比敌意更珍贵；地球上的好与善需要精心维护。不同的人在细节上的确存在分歧，但在人类历史的长河中，对于将我们这种生物团结在一起的一般原则和基本道德真理，一直存在一种普遍而持久的基本共识。

但是，相对主义者罗利想要给这个问题下定论。那就把发言权交给你，罗利，我洗耳恭听，让我们展开对话吧。

"对于道德的绝对主义，我半点也不相信，一切都是相对的。"

"一切是指什么？我猜你的意思是说，一切与道德有关的东西。"

"我说一切，就是指一切。一切都是相对的，毋庸置疑。"

"那么，你相信没有什么陈述是绝对真实的？"

"我就是这么认为的。"

"这句陈述呢？"

"哪句陈述？"

"没有什么陈述是绝对真实的。

"罗利?

"罗利，怎么不吱声了？"

第四十七章
举例说明

　　1948年12月10日，联合国大会发表了一份名为《世界人权宣言》的意义深远的文件。《宣言》的序言将其描述为"所有人民和所有国家努力实现的共同标准"，提及"人类家庭所有成员"，谈到"人的尊严和价值"，并特别强调了"人类的良知"。第一条规定："人人……赋有理性和良心，并应以兄弟关系的精神相对待。"在《宣言》规定的人类享有的各种权利中，有"生命、自由和人身安全"的权利（第三条），以及"被承认在法律前的人格"的权利（第六条）。整份《宣言》使用的语言清晰表达甚至着重强调了制定者的理念，意在表明旨在支配和指导全人类行为的一般性道德原则是存在的。这份文件是一份明确而鲜活的证明，表明了自然法的存在。如果没有自然法，这份《宣言》就不可能存在。

　　为《世界人权宣言》的起草和协议而齐聚一堂的人群，或许是有史以来最为多元的，他们是全人类的缩影。《宣言》发布至今已有大约七十五年的时间，或许会有人质疑其对世界产生的实际影响，但是，我们很难想象会有人明确否认《宣言》的主要内容。

这份文件做出的各项具体"声明"，便是对于道德事实所做的正式陈述，而文件的整个基调，也清楚地表明了读者对这些声明的解读方式。这份文件并非在确立权利，也并非"裁定"这些权利的确存在，而只是提醒和要求大家注意并承认这些被视为客观现实且稳定持久存在的东西。这份文件暗示了客观道德秩序的存在，这种道德秩序不是人类创造的，而是以人类作为主体。在我看来，《宣言》中提到的"人类的良知"尤为有趣。这难道不能被理解为一种人类共有的道德意识吗？通过这种意识，我们可以区分道德的对与错，并承认适用于整个人类的一般伦理原则。《宣言》告诉我们，在道德问题的思考上，我们的想法在最基本的层面上是一致的。

写到这里，我们不妨针对这里提出的立场列举一种反对意见，该意见的内容如下："我同意，存在一些似乎为所有人类共有的非常基本的道德原则，我认为这支撑了人类应被视为一个整体的观点。但你似乎在暗示，这些原则带有某种客观属性，被视为自然的'赐予'。这是我不能苟同的。这些所谓的一般性道德原则，扎根于人类的思想之中，用更科学的方式来说，这些原则是自然选择的产物，因此无疑与我们这一物种的适者生存有关。"

如果对于反对者来说，我只是"似乎在暗示"一般性道德原则"享有某种客观属性"，那就说明我的语言还不够清晰。我不只是在暗示，还是在明确地论证这种客观道德秩序的存在，我还要进一步论证，这种客观的道德秩序几乎等同于客观的物理秩序。因此，正如物理法则支配着由物质构成的万物一样，道德法则不仅启发和引导着人类个体令人费解且往往变化无常的道德主体，还会提供指引他们前进的动力。物理定律的确存在，我们也会不假思索地承认，这些定律是人类智识的发现，而不是发明。另外，道德法则也的确存在，并要求予以服从，且要通过一种与物理定律明显不同却具有显著可比性的方式——物理法则——强迫我们服从，而道德法则允许我们自由遵守。在我们看来，二者的起源都超越了纯粹的人类范畴。

虽然自然法的原则不是人类智识的发明，但要通过运用人类智识被发现，并通过对于人类行为方方面面的道德研究考量揭露。更具体地说，自然法原则的发现，正是通过我们对于人际交往以及与世界之关联的反思。这与人类智识发现支配物质的宇宙法则的方式没有根本的不同。与物理法则一样，道德法则也是如此，我们通过人类智慧与客观现实的积极接触，对它们有了明确的认识。更具体来说，正是通过对人际交往的反思以及对整个世界的参与，我们才发现了自然法的原则。与人类智识发现支配物质宇宙的法则相比，两种方式并没有根本的不同。无论是对于物理法则还是道德法则的认识，都是人类智识与客观现实积极接触的产物。

如此说来，自然法的本质在于：其原则是我们从自己的内心发现的，但是请注意，这是我们与外部事物进行有意且理性接触的结果，所谓外部事物，主要是由人类社会构成的社会环境。人类智识的构造决定其具有一种与生俱来的能力，能够通过运用推理能力，从本质上发掘道德对错之间的关键区别，并意识到这种区别是客观存在的。

列举一个引人深思的对比：语言学家提出，人类天生有一种学习语言的能力，他们将这种能力命名为"普遍语法"①。我认为，道德领域中也存在类似的东西。人类是理性的生物，因此天生拥有一种可以发现道德基本原则的能力。这可以通过一个明显的事实来证明，即所有人类所用的道德语言都几乎是相通的，这种语言根植于自然法之中。

至于试图在一般性道德原则上套用达尔文主义的适者生存理论，大家可能会问"制造不公要比承受不公更可耻"②，或者"人为朋友舍命，人的爱心没有比这个大的"③，这些说法对于适者生存有何价值？为了勉强在利他行为和自然选择之间找到共同点，人们付出了诸多努力，但产生的结论完全站不住脚。也许有人会表示，话说到底，上文中苏格拉底关于承受不公要比制造不公更可取的名言，对于适者生存仍有一些价值——我们可以说，承受这种痛苦正是为了保全我们作为理性生物的生存，为朋友舍命也是如此。这种具有极端性的人类行为，可视为我们人性的防腐剂。

英国数学家哈代写道："我认为，数学的现实存在于我们之

---

① 美国语言学家乔姆斯基语言理论中的术语，指能够适用于所有语言的一套规则。

② 苏格拉底名言。

③ 出自《约翰福音》15：13。

外，我们的任务是发现或观察，我们所证明以及夸口称之为'创造物'的定理，只不过是我们对观察结果的记录。"（《一个数学家的辩白》）在同一本书的后文中，他继续写道："从另一方面来说，在我看来，纯数学似乎是让所有唯心主义触礁的巨石：317之所以是一个质数，不是因为我们这样认为，也不是因为我们的思维是以某种方式形成的，而是因为事实如此，因为数学现实就是这样建立起来的。"对于道德领域而言，我们也能够如此笃定地做出同样的表述。我们之所以能够客观地辨别对与错，是因为它是一种真实的区别，反映了道德世界的构建方式。

第四十八章

结语

　　"成为你自己。"古希腊诗人品达①这样写道。这句话的用意何在？品达是在要求和敦促人们活出自己的本性，成为一个完整的人。成为一个完整的人，也正是本书的主题"合乎伦理"的另一种表达方式。简单来说，合乎伦理和过上合乎道德的伦理生活，意味着活出作为理性生物的本性。这是我们整本书中一直强调的重点，这一点意义重大，因此值得在本书的末尾再次强调。一个合乎伦理和道德良好的人，也是一个极富理性的人。

　　"行善避恶"是伦理思想的第一条原则，在援引这一原则时，我们把注意力集中在好与善在我们生活中所起的主导作用上。这是我们所做一切的根本动力。我们总在追求我们认为好与善的东西，而且不得不这样选择。艺术家的工作是创造出与自身分离的美好事物，一件熠熠夺目的艺术品。对于那些一心追求道德之善的人来

---

① 品达（约公元前518—公元前442或438），古希腊抒情诗人，有"抒情诗人之魁"之称。

说，他们所追求的完美艺术品就是他们自己，即他们本有的自身。他们所获得的每一种善，都有助于他们所致力的那种创造。最终，追求者和被追求对象之间的区别变得模糊，然后合二为一；从本质而言，他们所追求的好与善，就是他们想要成为的好与善。

合乎伦理是一种生存方式或一种生活的途径，其实质就是拥有充实的生活，而这种人生的主要目标，则是倾尽一生追求好与善。对善的不懈追求是一项艰巨的任务，并且需要耐力和毅力。这正是美德的作用所在，美德能给予我们力量，让我们能带着勇气和豁达努力成为我们注定要成为的人。我们发现，幸福建立在行为的基础上；实际上，幸福与我们称为美德的行为是一回事，因为追求美德的目的，便是为了追求真正的好与善。

的确，合乎伦埋意味着成为一个完整的人，但也应注意，成为一个完整的人需要超越纯粹的人性。人类情境的奇特奥秘和主要矛盾在于，只有超越自我，才能真正成为自我。这是因为，人性本身所能提供的东西具有不可逾越的局限性。伦理生活必须是一种不断提升的生活。从本质上讲，那些我们情不自禁去追求的好与善，比我们理性认知到的更加真实完整，也比我们想象中的更加恢宏伟大。这就是独一无二的至善，是绝对的、无条件的至善，这至善无时无刻不在召唤着我们，无时无刻不在指引着我们前进。

浙 江 省 版 权 局
著作权合同登记章
图字：11-2024-302

图书在版编目（CIP）数据

简单的人生逻辑课 ／（美）D.Q.麦克伦尼著 ； 靳婷
婷译. -- 杭州 ： 浙江人民出版社，2024. 12. -- ISBN
978-7-213-11690-2

Ⅰ. B81

中国国家版本馆CIP数据核字第20249S56N9号

Originally published in English under the title Being Ethical,

Published by agreement with St. Augustine's Press

through Gending Rights Agency (http://gending.online/).

简单的人生逻辑课
JIANDAN DE RENSHENG LUOJI KE
［美］D. Q. 麦克伦尼　著　靳婷婷　译

出版发行	浙江人民出版社（杭州市体育场路 347 号 邮编 310006）
责任编辑	祝含瑶
助理编辑	孙怡婷
责任校对	何培玉
封面设计	仙　境
电脑制版	鸣阅空间
印　　刷	三河市中晟雅豪印务有限公司
开　　本	880 毫米 ×1230 毫米　1/32
印　　张	6.875
字　　数	140 千字
版　　次	2024 年 12 月第 1 版
印　　次	2024 年 12 月第 1 次印刷
书　　号	ISBN 978-7-213-11690-2
定　　价	49.80 元

如发现图书质量问题，可联系调换。质量投诉电话：010－82069336